高素质农民培训系列教材

中药材优质高效栽培与加工

陈中建　邓爱明　王习著　主编

中国农业科学技术出版社

图书在版编目（CIP）数据

中药材优质高效栽培与加工 / 陈中建，邓爱明，王习著主编．—北京：中国农业科学技术出版社，2020.11

ISBN 978-7-5116-5036-8

Ⅰ.①中…　Ⅱ.①陈…②邓…③王…　Ⅲ.①药用植物-栽培技术②中药加工　Ⅳ.①S567②R282.4

中国版本图书馆 CIP 数据核字（2020）第 183541 号

责任编辑　崔改泵　张诗瑶
责任校对　贾海霞

出 版 者　中国农业科学技术出版社
　　　　　北京市中关村南大街 12 号　邮编：100081
电　　话　(010)82109194(编辑室)　(010)82109702(发行部)
　　　　　(010)82109709(读者服务部)
传　　真　(010)82109698
网　　址　http://www.castp.cn
经 销 者　各地新华书店
印 刷 者　北京富泰印刷有限责任公司
开　　本　850mm×1 168mm　1/32
印　　张　6.5
字　　数　181 千字
版　　次　2020 年 11 月第 1 版　2020 年 11 月第 1 次印刷
定　　价　35.00 元

《中药材优质高效栽培与加工》

编 委 会

主　编　陈中建　邓爱明　王习著

副主编　干继红　温琴华　王欽源　虞菊妮　杨　洪　梅文娟　饶树亮　陈　波　李　莎　马立花　贾英全　滕新素　李　芳　汤文超　杨日英

前　言

中药材是中医药和大健康产业发展的物质基础，是关系国计民生的战略性资源。健康有序的中药材种植业，对于发展持续健康的中医药事业和大健康产业，对于增加农民收入、加快“三农”问题解决、促进生态文明建设，具有十分重要的意义。

本书共12章，内容包括：中药材苗圃地的规划与建设、中药材种植的田间管理、花类中药材、根类中药材、根茎类中药材、果实类中药材、种子类中药材、皮类中药材、全草类中药材、药用菌类中药材、中药材病虫害防治技术、中药材包装和贮藏等。本书具有内容丰富、语言通俗、科学实用等特色。

编　者

目　　录

第一章　中药材苗圃地的规划与建设

中药材生产主要有直播栽培和育苗移栽两种方式，本章主要讨论育苗移栽。人参、细辛、颠茄、黄柏、龙胆、黄连、诃子、山茱萸等大多数中药材都以育苗移栽为主。目前随着工厂化育苗的发展，药农对中药材苗木的质量和品质要求越来越高，各个地区要求提高土地利用率，很多地区开展了集约化育苗形式。育苗是一项高度集约经营的工作，选择适宜的苗圃地十分重要。

第一节　中药材苗圃地选址

一、地理位置

首先，中药材苗圃地应该选择在排水良好、地势较高、地形相对较平坦且开阔的地方，这主要是因为地形复杂，不利于苗圃基础设施的建设，土地利用效率很低，或者整地方面需要一笔很大的花销。地形起起伏伏，坡向不同，容易导致温度、光照和适度差异，不利于种苗的生长。坡度太大往往很容易水土流失，而低洼地带在雨水充沛的季节容易引起积水，都不利于中药材种苗生长。苗圃应尽量选在地势平坦、排灌较好的地方，坡度一般在3°~5°为宜，坡度太陡会引起水土流失，降低土壤肥力，同时不便于开展灌溉和机械自动化作业。

其次，苗圃地要选择在中药材基地附近或其中心地区。这样的好处有三点：一是使新培育出的种苗能尽早适应中药材种植基地的环境条件；二是减少苗木长途运输，降低运输和种植成本；三是避免因种苗的长途运输失水，种苗活力好，可以提高种苗移栽的成活率。

最后，苗圃地应尽量设在交通方便位置，以便于育苗物资、苗木的管理及运输。专业性的苗圃应设在用苗地区的中心，这样可以减少苗木运输费用和苗木在运输途中的损失。因此，以经营各类中药材种苗为主的大型专业农户应考虑尽量把圃址选在交通便利的地方，尽可能选择靠近公路、铁路、水路等交通方便的地方，便于种苗的调运、提高苗圃知名度和加快种苗流通速度，在提高苗圃经济效益的同时，逐渐使苗圃发展壮大。自育自栽的家庭苗圃可以在种植园中建一个苗圃地，便于随起苗、随定植，不但栽植成活率高，而且省工省力。

二、环境条件

苗圃地周围的环境条件对于种苗的生长很重要。在水源、空气、土壤污染严重的地方，无论其他条件多好，很难育出无病害、健壮的种苗。特别是有的种苗对空气中的氟、硫、灰尘等适应性差，生长不良，甚至导致种苗死亡或者导致种苗发生变异。

水是苗木生长最基本的需求，所以建立苗圃地首先要考虑水源问题，特别是在干旱少雨地区。在一般情况下可以根据苗场的地形考虑水源，可以通过引流河水等灌溉（不提倡过度地开采地下水），但是一定要追溯河水的源头，确定其无污染后再引入。同时也要考虑多雨地区、季节的排洪排水问题，涝害会导致种苗根发育不良甚至腐烂等。

土壤是苗木生长的基础，疏松肥厚的土壤利于种子的发芽，所以要尽可能地选择土质疏松、土层深厚、保水、保肥和透气性能好、富含腐殖质的地块，才能保证苗木的生长发育。同时要检测当地的土壤是否被重金属等有害物质污染，是否有土传病害等，播种前要对土壤进行严格消毒处理，并翻晒一段时间。如果当地的土壤质量不是很好，也可以自行配制无土基质，如河沙、腐殖土、炉渣、草炭加蛭石、珍珠岩加蛭石等。无土育苗应该选择具有通气性能和保水性能较好、营养和水分供应充足等优点的基质。一般而言，无土育苗完全按照植物所需供给营养和环境条件，更能促进种苗的根系发育，加快生长速度，从而缩短育苗期，且种苗质量好，促进早熟丰产，同时利于种苗的标准化管理，可以有效防止土传病害等。但是无土基质育苗对基质的选择、营养液的配制和供给等需要专业人员操作，否则不能育出好的种苗。

光照也是植物生长必不可少的。选择苗圃地时，必须选择光照充足的地方，在山地建造苗圃时应该选择向阳的地块。如果不能满足中药材的需光量，其生长会受到阻碍，影响其有机物的积累，植株生长缓慢、弱小，影响种苗质量和移栽成活率，特别是对于阳性中药材而言。

空气质量良好对中药材的生长很有好处，一般不要选择在大型工厂、大型养殖场旁边，特别是那些有灰尘、废水、重金属污染的工厂附近，要选择空气新鲜、环境条件较好、无污染、利于建立绿色无公害、规范化生产的种苗基地的地方。

对于一个周年运行的专业苗圃地来说，电源充足很必要。夏季需要降温设备，冬季和早春需要加温设备，光照弱的情况下需要调节光照，通风不良时需要用鼓风机，控湿和灌溉排水系统也都需要电源，如果没有电源或者电源不充足，苗圃很难周年运行。

第二节　中药材苗圃地的规划与建设

一、苗圃地组成

选定苗圃地之后，为了合理布局，充分利用土地，便于生产作业与管理，对苗圃地必须进行全面的区划工作。苗圃区划的主要原则：充分利用土地，便于机械化作业，有利于排水和灌溉。苗圃大致分为两部分，生产用地和辅助用地。生产用地包括播种育苗区、营养繁殖区、移苗区、试验区、设施育苗区等。辅助用地包括道路、灌排水系统、各种建筑物用地、积肥场等。

二、苗圃地保护地设施规划与建设

中药材保护地栽培是在不适宜中药材生长发育的地区或者季节，利用专门的设施，人为地创造适宜中药材生长发育的小气候环境条件而进行中药材的育苗和生产栽培。保护地设施是随着社会的发展和科技的进步，由简单到复杂、由低级到高级，发展成为现今的各种类型的栽培设施，满足不同植物不同季节的应用。

保护地设施分类方法很多。根据温度性能可以分为保温加温设施和防暑降温设施。保温加温设施包括各种冷床、温床、大小拱棚、温室等；防暑降温设施包括荫障、荫棚和遮阳覆盖设施等。根据用途可以分为生产用、实验用和展览用设施。根据骨架材料可分为竹木结构设施、混凝土结构设施、钢结构设施和混合结构设施。根据建筑形式可以分为单栋和连栋设施。总之，现在的保护地设施发展很迅速，其发展的形式多种多样。目前应用于蔬菜、花卉栽培最多，果树上也有大量的应用。随着中药材市场的扩大以及药材的大量引种生产，中药材设施栽培也逐渐增多。

第二章　中药材种植的田间管理

中药材栽培从播种到收获的整个生长发育期间，在田间所采取的一系列管理措施，总称为田间管理。其主要措施包括间苗、定苗、补苗、中耕、培土、除草、追肥、排灌、打顶、摘蕾、整枝、修剪、支架、覆盖、遮阴、防寒冻、防高温及病虫害综合防治等。目的在于充分地利用外界环境中对作物生长发育有利的因素，避免不利的因素，协调植株营养生长和生殖生长的关系，保证合理的群体密度等，以促进植株正常生长发育和适期成熟，提高产量、质量，降低成本。

第一节　间苗、定苗与补苗

一、中药材种植的间苗和定苗

间苗是田间管理中一项调控植株密度的技术措施。对于用种子直播繁殖的中药材，在生产上为确保出苗数量，其播种量一般大于所需苗数。为保持一定株距，防止幼苗过密、生长纤弱、倒伏等现象发生，播种出苗后需及时间除去过密、长势弱和有病虫害的幼苗，称为间苗。间苗宜早不宜迟，过迟则幼苗生长过密会引起光照和养分不足，通风不良，造成植株细弱，易遭病虫为害；同时苗大根深，间苗困难且易伤害附近植株。大田直播一般间苗 2~3 次。最后一次间苗称为定苗，使中药材群体达到理想苗数。

二、药材田的补苗

有些中药材种子由于发芽率低或其他原因，播种后出苗少、出苗不整齐，或出苗后遭受病虫害，造成缺苗断垄，此时需要结合间苗、定苗及时补苗。补苗可从间苗中选取健壮苗，或从苗床中选，也可播种时事先播种部分种子专供补苗用。补苗时间以雨后最好。补苗应带土，剪去部分叶片，补苗后酌情浇水。温度较高时补苗要用大叶片或树枝遮阴。种子、种根发芽快的也可补种。对于贵重中药材，如人参等并不进行间苗，而是精选种子，在精细整地基础上按株行距播种。

第二节　中耕、培土与除草

中耕是在中药材生长过程中，对土壤进行表土耕作，使土壤疏松的作业方式。中耕一般与除草、培土、间苗等结合进行，其目的主要是提高土壤保水保肥能力，消灭杂草，减少养分的无谓消耗，减少病虫害的发生，以利植物生长。早春中耕可以提高土温，在较干旱的地区或地块，中耕松土是一项重要的保水措施。

培土要结合中耕除草及时进行，以保护植物越冬过夏，避免根部外露、防旱、防止倒伏、保护芽头、促进生根及减少土壤水分蒸发等。地下部分有向上生长习性的中药材，如黄连、玉竹、大黄，适当培土可提高产量和质量。培土的时间、次数、深度因植物种类、环境条件和精细耕作程度而异。一二年生中药材宜在生长中后期进行培土，多年生草本和木本中药材，一般在入冬前结合防冻进行。对一些根茎类中药材培土还可以增产，如木香在冬季培腐殖土，黄连则要年年培土。

除草是为了消灭田间杂草，减少水肥无谓消耗，防止病虫害的滋生和蔓延。除草一般与间苗、中耕培土等结合进行。清除杂草的方法很多，如人工除草、机械除草、化学除草等。

中耕、除草的次数应根据气候、土壤和中药材生长情况而定，浅根性植物如天冬、薄荷、玉竹、延胡索，中耕宜浅；深根性植物如牛膝、党参、白芷，中耕宜深。苗期植株小，杂草多，土壤容易板结，中耕除草宜勤；成株期中耕次数宜少，以免损伤植株。天气干旱，土壤板结，应及时浅中耕以保水；雨后或灌水后也应及时中耕，避免土壤板结。

第三节　施　肥

一、营养元素

中药材生长发育所需的营养元素可以分为大量元素（如碳、氢、氧、氮、磷、钾、钙、镁、铁、硫等）和微量元素（如硼、钼、锌、铜、锰等）。在大量元素中，氮、磷、钾需要量较大，它们被称为肥料三要素，往往需要通过施肥来补充。微量元素因为植物需要量很少，一般土壤都能满足需要，只有少数土壤需要补施。

1. 氮

氮是构成蛋白质的主要成分，也是与植物新陈代谢有关的酶、维生素、叶绿素及核酸等不可缺少的成分。氮对植物体内生物碱、苷类和维生素等的形成与积累起着重要作用。氮素缺乏将影响药材的品质和产量，但过多时使碳、氮比例失调，容易造成茎叶徒长，发生倒伏，降低其抗病虫害的能力。

2. 磷

磷是核酸、激素和磷脂的主要组成成分。磷能促进植物的生长发育，缩短生育期，提早开花结果，提高果实和种子的产量和品质，增强植物的抗寒、抗旱和抗病虫害能力。缺磷时，植物生长发育迟缓，产量低，质量差。对于五味子、沙苑子、决明等果实、种子类中药材，增施磷肥可提高种子的产量和品质。

3. 钾

钾能提高光合作用的强度，促进碳水化合物的合成、运转和贮藏；钾还能增强气孔的正常生理功能，促进氮的吸收，强化蛋白酶的活性，加速蛋白质的合成；对于含淀粉、蛋白质较多的中药材，增施钾肥能提高产量和改善品质；钾还能促进维管束的发育，使厚角组织增厚、韧皮束变粗，使茎干坚韧、抗倒伏、抗病虫害。

4. 硼

硼能促进植物体内碳水化合物的运转，改善糖类代谢，促进有机质的积累。同时，硼还能增强根瘤菌的固氮能力，促进根系发育。缺硼时，根系发育不良，根瘤菌固氮能力降低，花的受精率降低。

5. 钼

钼与生物固氮作用有密切关系，根瘤菌和自生固氮过程中均需微量的钼。钼又是硝酸还原酶的成分，能促进植物体内硝态氮还原为铵态氮。

6. 锌

锌能促进呼吸作用和生长素的形成。缺锌时，由于抑制去氢酶的活性，影响碳酸酐酶的组成和生长素的形成，使呼吸作用减弱，生长受到抑制。

7. 铜

铜是植物体内氧化酶的组成成分，能提高呼吸强度，有利于光合作用，并能增强抗病害的能力。缺铜时叶绿素减少，发生缺绿病。

8. 锰

锰能促进种子萌发、幼苗生长及生殖器官发育，能促进叶绿素的形成，有利于光合作用；同时，锰还可以提高植物越冬性及抗倒伏能力。缺锰时叶脉失绿，并出现斑点。

9. 铁

铁是形成叶绿素的必需元素，缺铁时嫩叶表面呈现失绿症状。

二、肥料种类和性质

肥料大体分为两类：一是有机肥料（包括农家肥），二是化学肥料（无机肥料）。有机肥料一般都含有氮、磷、钾三要素以及其他元素和各种微量元素，所以称完全肥料。有机肥料含有丰富的有机质，需要经过土壤微生物慢慢地分解，才能为植物利用，所以又称迟效性肥料。化学肥料施下后，可以很快被植物吸收，所以又称速效性肥料。

1. 有机肥料

有机肥料包括人畜粪尿、厩肥、堆肥、饼肥、绿肥以及各种土杂肥等。这些肥料来源丰富，是我国农业生产的主要肥源。

2. 无机肥料

无机肥料大部分是工业产品，主要成分能溶于水或是容易变成植物能吸收的成分。按所含的主要养分可分为氮肥、磷肥、钾肥和复合肥等。

为了提高无机肥料的利用率，近年来采用有机肥料与无机肥料混合做成颗粒状肥料施用，这种肥料称颗粒肥料。

3. 微量元素肥料

微量元素肥料主要有硼、锰、锌、铜、钼等。此类肥料多用作种肥和根外追肥，在不妨碍肥效和药效的原则下，可结合病虫害防治，将肥料与农药混合喷施。

4. 腐殖酸肥料

腐殖酸是动、植物残体在微生物作用下生成的高分子有机化合物，广泛存在于土壤、泥煤和褐煤中。它是有机肥与无机肥相结合的新型肥料，目前主要有腐殖酸按、腐殖酸磷、腐殖酸钾、腐殖酸钠、腐殖酸钙和腐殖酸氮磷等。

5. 微生物肥料

利用能改善植物营养状况的微生物制成的肥料，称为微生物肥料。此类肥料具有用量小、成本低、无副作用、效果好的优点。常用的有以下 3 个种类。

（1）根瘤菌剂。根瘤菌剂是由根瘤细菌制成的生物制剂。

（2）固氮菌剂。固氮菌剂是培养好气性的自生固氮菌的生物制剂。

（3）5406 抗生菌肥。5406 抗生菌肥是把细黄链霉菌混合在堆肥中制成的。

三、合理施肥

合理施肥能促进中药材的生长发育，提高药材的产量、质量。施肥不当，不仅达不到预期的施肥目的，而且会影响中药材的正常生长和发育，甚至造成植物死亡。

1. 施肥的原则

施肥应根据植物不同发育期对肥料种类、数量的要求，根据土壤中养分的供应状况，以及肥料的性质等进行。同时，要把施肥和改土结合起来，不断提高土壤肥力，为稳产、优质创造条件。

（1）以农家肥为主，化肥为辅。在施用农家肥的基础上使用化肥，能够取两者之长、补两者之短，缓急相济，不断提高土壤供肥的能力。

（2）以基肥为主，配合施用追肥和种肥。基肥能长期为中药材提供主要养分，改善土壤结构，提高土壤肥力。为了满足植物幼苗期或某一时期对养分的大量需要，还应施用种肥和追肥。种肥要用腐熟的优质农家肥和中性、微酸性或微碱性的速效化肥。追肥也多用速效肥料。

（3）以氮肥为主，磷、钾肥配合施用。植物对氮的吸收量一般较多，而土壤中，氮素含量往往不足。因此，在植物整个生育期都要注意施用氮肥，尤其是在植物生育前期增加氮肥更为重要。在施用氮肥的同时，应视中药材种类和生育期，配合施入磷、钾肥。如为了促进根系发育以及禾本科植物分蘖，用少量速效磷肥拌种，为了提高种子产量，对留种田开花前应追施磷肥。在密植田配合施用钾肥，能促使茎秆粗壮，防止倒伏。

（4）根据土壤肥力特点施肥。在肥力高、有机质含量多、熟化程度好的土壤，如高产田、村庄附近的肥沃地上，增施氮肥作用较大，磷肥效果小，钾肥往往显不出效果。在肥力低、有机肥料用量少、熟化程度差的土壤，如一般低产田、红黄壤、低洼盐碱地，施用磷肥效果显著，在施磷肥的基础上，施用氮肥，才能发挥氮肥效果。在中等肥力的土壤上，应氮、磷、钾肥配合施用。

在保肥力强而供肥迟的黏质土壤上，应多施有机肥料，结合混沙土、施炉灰渣等方法，以疏松土壤，创造透水通气条件，并将速效性肥料作种肥和早期追肥，以利于提苗发棵。在保肥力弱的沙质地上，也应多施有机肥料，并配合施用塘泥或黏土，增强其保水保肥能力。追肥应少量多次施用，避免一次施用过多而流失。

在酸性土壤上，宜施碱性肥料，如草木灰、钙镁磷肥、石灰氮或石灰等以中和土壤酸度。在碱性土壤上则要施酸性肥料，如硫酸铵等。盐渍土地不宜施用含氮较多的化肥，如氯化铵等。对磷矿粉、骨粉等难溶性肥料，在酸性土壤上施用，可以逐渐转化溶解，提高肥效；而在碱性土壤上施用，则效果不大。

（5）根据中药材的营养特性施肥。中药材的种类、品种不同，在其生长发育不同阶段所需养分的种类、数量以及对养分吸收的强度都不相同。因此，必须了解中药材的营养特性，因地制宜地进行施肥。一般对于多年生的中药材，特别是根类和地下茎类中药材，如芍药、大黄、党参、牛膝、牡丹等，最好施用肥效期长的、有利于地下部生长的肥料，如重施农家肥，增施磷、钾肥，以满足一个生产周期对肥料的需要。一般全草类中药材可适当增施氮肥；花、果实、种子类的中药材则应多施磷肥。

中药材不同的生育阶段施肥也应有所不同。一般是生育前期，多施氮肥，能促使茎叶生长，并能增穗增粒；生育后期，多用磷、钾肥，以促进果实早熟、种子饱满。薏苡，在分蘖初期追施氮肥，能促进分蘖早发快发，穗多；在拔节至孕穗期追施氮肥，可促使穗大、粒多、秆硬；在开花前后施用磷肥，能促进籽粒饱满，提早成熟。

（6）根据气候条件施肥。在低肥、干燥的季节和地区，最好施用腐熟的有机肥料，以提高地温和保墒能力，而且肥料要早施、深施，以充分发挥肥效。化学氮肥、磷肥和腐熟的农家肥一起作基肥、种肥和追肥施用，有利于幼苗早发，生长健壮。而在高温、多雨季节和地区，肥料分解快，植物吸收能力强，则应多施迟效肥料，追肥应量少次多，以减少养分流失。

2. 施肥的主要方法

（1）撒施。一般是在翻耕前将肥料均匀撒施于地面，然后翻入土中。这是基肥的通常施用方法。

（2）条施和穴施。在中药材播种或移栽前结合整地作畦，或在生育期中结合中耕除草，采取开沟或开穴施入肥料，分别称为条施或穴施。这两种方法施肥集中，用肥经济，但对肥料要求较高，需要充分腐熟，捣碎施用。

（3）根外追肥。在植物生长期间，以无机肥料、微量元素或生长激素等稀薄溶液，结合人工降雨或用喷雾器喷洒在植物的茎叶上的施肥方法，称为根外追肥。此法所需肥料很少，施用及时，效果很好。常用的根外追肥溶液有尿素、过磷酸钙、硫酸钾、硼酸、钼酸铵等。喷施时间以清晨或傍晚为宜，使用浓度要适当，如硼酸用 0.1%～0.15%、钼酸铵用 0.02% 的浓度比较适宜。

（4）拌种、浸种、浸根、蘸根。在播种或移栽时，用少量的无机肥料或有机、无机混合肥料拌种，或配成溶液浸种、浸根、蘸根，以供植物初期生长的需要。由于肥料与种子或根部直接接触或十分接近，所以在选择肥料和决定用法时，必须预防肥料对种子可能产生的腐蚀、灼烧和毒害作用。常用作种肥的有微生物肥、微量元素肥、腐殖酸类肥以及骨粉、钙镁磷肥、硫酸铵、人畜粪尿、草木灰等。

（5）混合施肥，正确配合。一般化肥和有机肥混合施用，效果更好。但不是所有肥料都可以随便混合使用，应注意肥料的化学性质，酸性和碱性的肥料不能混合施用，如人畜粪尿或硫酸铵等酸性肥料，不能和草木灰等碱性肥料混合施用，氨水不能和硫酸铵、氯化铵等生理酸性肥料混合施用，以免氮素变成氨挥发。

四、追肥

追肥是指在中药材生长发育期间施用的肥料。在定苗后，根据植株生长发育状况，可适时追肥，以满足中药材各个生长发育时期对养分的需求。追肥的时期，一般在定苗后、萌芽前、分蘖期、现蕾开花前、果实采收后及休眠前进行。根据植物长势和外观症状确定追施肥料的种类、浓度、用量、施用时期和施用方法，以免引起肥害或肥料流失等。一般多在植物生长前期多追施充分腐熟达到无害化卫生标准的人畜粪尿及氨水、硫酸铵、尿素、复合肥等含氮较高的速效性肥料；而在植物生长的中、后期多追施草木灰、钾肥、过磷酸钙、充分腐熟达到无害化卫生标准的厩肥、堆肥和各种饼肥等。对于不能直接撒于叶面或幼嫩组织的化肥，一般采用行间开浅沟条施或穴施或环施等，避免化肥烧伤叶片或幼嫩枝芽。在追施磷肥时，除施入土中外，还可以根外施肥，满足植物生长需求。

科学追肥不仅可提高产量，还可提高中药材有效成分含量，提高品质，氮与钾有利于糖类与脂质等物质的合成。氮素对植物体内生物碱、皂苷和维生素类的形成具有积极作用，特别是对生物碱的形成与积累具有重要影响，施用适量氮肥对生物碱的合成与积累具有一定的促进作用，但施用过量则对其他成分如绿原酸、黄酮类等都有抑制作用。因此，可以根据中药材有效成分的性质，通过施肥试验，选择合理的施肥配方，避免对其他成分产生影响，提高有效成分含量。

第四节　灌溉与排水

灌溉与排水是控制土壤水分，满足植物正常生长发育对水分要求的措施。不同中药材种类或品种的整个生育期的耗水量差异很大，同时自然条件和栽培条件均影响植物耗水量。在一定的田间水分范围内，中药材能正常生长发育，超出这一范围，则引起旱害或涝害。因此，栽培时要根据中药材需水规律和田间水分的变化规律及时做好灌水与排水工作。如花及果实类中药材在开花期及果熟期一般不宜灌水，否则易引起落花、落果；当降水过多时，应及时排水，特别是根及根茎类中药材更应注意排水，以免引起烂根；多年生的中药材，在土地结冻前灌 1 次水，避免因冬旱而造成冻害。

灌溉方式分为地面灌溉、喷灌和滴灌。地面灌溉是指水在田面流动或蓄存的过程中，借重力作用和毛管作用湿润土壤的灌水方式；喷灌是利用水泵和管道系统，在一定压力下，把水喷到空中如同降细雨一样湿润土壤的灌水方式；滴灌是利用低压管道系统把水或溶有无机肥料的水溶液，通过滴头以点滴方式均匀缓慢地滴到植物根部土壤，使植物主要根系分布区的土壤含水量经常保持在最佳状态的一种先进灌溉技术。要根据气候、土壤、中药材生长状况来确定适宜的灌水方式和灌水量。《中药材生产质量管理规范（试行）》规定：灌溉水应符合农田灌溉水质量标准。

排水是调节土壤水分的另一项措施，土壤水分过多或地下水位过高都会造成涝害。通过排水可及时排出地面积水和降低地下水位，使土壤水分适宜植物正常生长需要，避免渍害。目前我国以地面明沟排水为多。

第五节　打顶与摘蕾

打顶与摘蕾是利用植物生长的相关性，人为地对植物体内养分进行重新分配，从而促进药用部分生长发育的一项重要增产措施。其作用是根据栽培目的，及时控制植物体某一部分的无益徒长，而有意识地诱导或促进所需部分生长发育，使之减少养分消耗，提高其产量和质量。

打顶通常采用摘心、摘芽或直接去顶等方式来实现，摘除腋芽称打杈。植物打顶后可以抑制主茎生长，促进枝叶生长，或抑制地上部分生长，促进地下部分生长。如菊花、红花等花类或叶类中药材常采用打顶的措施，促进多分枝来提高花和叶的产量。栽培乌头常采用打顶和去除侧芽的措施来抑制地上部分生长，促进块根生长。打顶的时间视植物种类和栽培目的而定，一般宜早不宜迟。打顶不宜在有雨露时进行，以免引起伤口溃烂，感染病害。

植物开花结果会消耗大量的养分，为了减少养分的消耗，对于根及根茎类中药材，要及时摘除花蕾，以利增产。摘蕾的时间和次数取决于花芽萌发现蕾时间延续的长短，一般宜早不宜迟，除留种田外，其他地块上的花蕾都要及时摘除。中药材发育特性不同，摘蕾要求也不同。留种植株不宜摘蕾，但可以疏花、疏果，尤其是以果实种子入药的中药材（如山茱萸）或靠果实种子繁殖的中药材，疏花、疏果能获得果大、质量好的产品。

第六节　整枝与修剪

整枝与修剪是在植物生长期内，人为地控制其生长发育，对植株进行修饰整理的各种技术措施。整枝是通过人工修剪来控制幼树生长，合理配置和培养骨干枝条，以便形成良好的树体结构与冠形。而修剪则是在土、肥、水管理的基础上，根据自然条件、植物的生长习性和生产要求，对树体养分分配及枝条的生长势进行合理调整的一种管理措施。通过整枝与修剪可以改变通风透光条件，增强植物抵抗力、减少病虫害，同时还能合理调节养分和水分的分配，减少养分的无益消耗，增强树体的生理活动，从而使植物向栽培目的方向发展，不断提高产量和质量。

中药材的修剪包括修枝与修根。修枝主要用于木本中药材，不同种类或同一种类不同年龄的中药材，其修剪方法也各不相同。一般以树皮入药的木本中药材，如肉桂、杜仲、厚朴，应以培植直立粗壮的茎干为主体，剪除下部过早的分枝、残弱枝以及基部的萌蘖；以果实种子入药的木本中药材，可适当控制树体高度和增加分枝数量，并注意调整各级主侧枝的从属关系，以促进开花结果，提高产量。

幼龄树一般宜轻剪，主要目的是培养合理树型，扩大树冠，促进早成型、早结果。灌木树一般不需要做较多修剪。而很多果树自然树体高大，不便于采花采果和后期修剪，或者不修剪则开花结果较少，因此，这些树一般需要矮化树冠，常培育成自然开心型或多层疏散型。无论是自然开心型还是多层疏散型，都要培养形成多级骨干枝，并使它们分布均匀，各自分布在不同方位并保持适当距离。成年树在大量开花以后，枝条常常过密，一些枝条衰弱、枯死或徒长，修剪的目的是使其通风透光，减少养分无益消耗，集中养分供结果枝生长以及促进萌生新的花枝、果枝，重点是促花促果和保花保果。此期的修剪主要是剪除枯枝、密枝、病枝、弱枝、交叉下垂枝，疏去过密的花和芽。枝条过稀处可通过短剪、摘心、回缩、环割等使其萌发新枝。徒长枝通过打顶、拿枝、扭梢等抑制其长势，促进开花结果。对于长势衰弱、开花结果少的枝条，可通过回缩修剪促进重发新枝。老龄树长势衰弱，开花结果明显减少，修剪的目的是更新枝条，使之形成新的花枝、果枝，要重剪、多剪，对于开花结果很少的衰弱枝条，要从基部剪除，只留短桩。整棵树都严重衰退的，可将全部枝条剪除，重新培育形成新的树冠。

修剪的时间主要在休眠期（冬季）和生长期（夏季）两个时期，冬季修剪，主要侧重于主枝、侧枝、病虫枝、枯枝和纤弱枝等，因冬季树体贮藏的养分充足，修剪后枝芽减少，营养集中在有限枝芽上，开春新梢生长旺盛。夏季修剪，剪枝量要从轻，主要侧重于徒长枝、打顶、摘心和除芽等。

另外，少数中药材还要修根，如乌头要修去母根上过多的小块根，使留下的大块根生长肥大，质量好。芍药要修去侧根，保证主根肥大，提高产量和品质。

第七节　支　架

当栽培的攀缘、缠绕和蔓生的中药材生长到一定高度时，茎不能直立，则需要设立支架，以支持或牵引藤蔓向上伸长，使枝条生长分布均匀，增加叶片受光面积，促进光合作用，使植株间空气流通，降低湿度，减少病虫害发生。一般对于株型较小的中药材，如天门冬、鸡骨草、党参、山药等，只需在植株旁立竿作支柱，而株型较大的中药材，如罗汉果、五味子、木鳖子等，则应搭设棚架，让藤蔓匍匐在棚架上生长。

第八节　覆盖与遮阴

覆盖是利用薄膜、稻草、谷壳、落叶、草木灰或泥土等覆盖地面，调节土壤温度。冬季覆盖可防寒冻，使植物根部不受冻害，夏季覆盖可降温，也可以防止或减少土壤中水分的蒸发，避免杂草滋生，利于植物生长。覆盖时期应根据中药材生长发育阶段及其对环境条件的要求而定。

对于许多阴生中药材，如人参、黄连、三七、西洋参，必须搭棚遮阴保证荫蔽的生长环境。某些中药材，如肉桂、五味子，在苗期也需要搭棚遮阴，避免高温和强光直射。由于各种中药材对光的反应不同，要求遮阴的程度也不一样，因此，必须根据中药材的种类和不同生长发育阶段调节棚内的透光度。荫棚的高度、方向应根据地形、气候和中药材生长习性而定，棚料可就地取材，选择经济耐用的材料，也可采用遮阳网。除搭棚遮阴以外，生产上常用套种、间作、混作、林下栽培、立体种植等方法，为阴生中药材创造良好的荫蔽环境，如麦冬套种玉米等。

第三章　花类中药材

第一节　菊

【别名】杭菊、白菊花、药菊花等，如图 3-1 所示。

图 3-1　菊

【药用部位】以干燥头状花序入药。

【种植技术】

1. 选地整地

应选择地势略高、排水畅通、土壤肥沃的沙壤土。以旱坡地、旱田（不存水的沙田）、休闲地最为适宜，低洼存水地不能种植。

（1）育苗地的选地与整地。菊育苗地，应选择地势平坦、土层深厚、疏松肥沃和灌溉方便的地块。在上一年秋冬季深翻土地，使其风化疏松。在当年春季进行扦插繁殖前，再结合整地施足基肥，浅耕一遍。深翻（最好在入冬前翻地），耙平，较平地块或旱田栽种必须开厢（面积大的地块需开排水沟），厢面中间略高，利于排水。坡地不开厢，开横向排水沟即可（与土豆地开横沟相似）。

（2）栽植地的选地与整地。栽植地，宜选择地势高燥、阳光充足、土质疏松、排水良好的地块，以沙质壤土最为理想。于前作收获后，深翻（最好冬前翻地），结合整地每 667m^{2}施入腐熟厩肥或堆肥 2 500kg，翻入土内作基肥，来不及施用基肥也可以后期施肥。较平地块或旱田栽种必须开厢（面积大的地块需开排水沟），厢面中间略高，利于排水。坡地不开厢，开横向排水沟即可（与土豆地开横沟相似）。菊忌连作，如需套作则以胡豆、豌豆、油菜、小麦地为前茬。

2. 繁殖方法

菊生产上以分株繁殖为主，也可以扦插繁殖。

（1）分株繁殖。

①培育壮苗和选苗。在 11 月收获菊花后，将地上茎枝齐地面割除。选择生长健壮、无病虫害的植株，将其根蔸全部挖起，集中移栽到一块肥沃的土地上，用腐熟厩肥或土杂肥覆盖保暖越冬。翌年 3—4 月，扒开土粪等覆盖物，浇施 1 次稀薄人畜粪尿，促其萌发生长。4—5 月，当菊苗长到 15cm 左右时，挖出全株，顺着茎枝分成带白根的单株。然后，选取种根粗壮、须根发达、无病虫害的单株作种苗，立即栽入大田。

②移栽定植。移栽前，将苗根用 50% 多菌灵 600 倍液浸渍 12h，可预防叶枯病等病害。移栽时，在整好的栽植地上按行株距 40～30cm 挖穴，每穴栽入种苗 2～3 株。移栽后用手压紧苗根并浇水湿润。一般每 667m^{2}育苗可分栽大田 1hm^2 左右。

（2）扦插繁殖。在每年4—5月或6—8月，在菊花打顶时，选择发育充实、健壮、无病虫害的茎枝作插条。去掉嫩茎，将其截成10~15cm长的小段，下端近节处，削成马耳形斜面。先用水浸湿，快速在0.15%~0.3%吲哚乙酸溶液中浸蘸一下，取出晾干后立即进行扦插。扦插时，在整好的插床上，按行株距8~10cm画线打引孔，将插条斜插入孔内。插条入土深度为穗长的1/2~2/3，插后用手压实并浇水湿润，约20d即可发根。插条生根萌发后，若遇高温天气，应给予搭棚遮阴，增加浇水次数。发现床面有杂草，要及时拔除，加强肥水管理，促使菊苗生长健壮。当苗高20cm左右时，即可出圃定植。定植密度同分株繁殖。移栽时用手掐去菊苗顶端3cm左右的嫩头，可减少养分消耗，并促进多分枝，使其生长快、产量高。

3. 田间管理

（1）中耕除草。菊苗栽植成活后至现蕾前要中耕除草4~5次。第一次在立夏后进行，松土宜浅，勿伤根系，除净杂草，避免草荒；第二次在芒种前后进行，此时杂草滋生，应及时除净，以免与菊苗争夺养分；第三次在立秋前后进行；第四次在白露前进行；第五次在秋分前后进行。前两次宜浅不宜深，后三次宜深不宜浅。在后两次中耕除草后，应进行培土壅根，防止植株倒伏。

（2）追肥。菊喜肥、耐肥，除施足基肥外，在生长期还应追肥3次。第一次于移栽后半个月左右追施，当菊苗成活开始生长时，每667m^2追施稀薄人畜粪尿1 000kg或尿素8~10kg兑水浇施，以促进菊苗生长；第二次在植株开始分枝时追施，每667m^2施入稍浓的人畜粪尿1 500kg或腐熟饼肥50kg兑水浇施，以促多分枝；第三次在孕蕾前追施，每667m^2施入较浓的人畜粪尿2 000kg或尿素10kg加过磷酸钙25kg兑水浇施，以促多孕蕾开花。菊是“七死八活九开花”的作物，意指菊在7月生长不旺盛，常因缺水而萎蔫；8月又开始旺盛生长。因此，大量的速效肥料应在7月中旬至 8 月中下旬施入，以利增产。此外，在孕蕾期叶面喷施 0.2%的磷酸二氢钾溶液，能促进开花整齐，提高菊花产量和质量。

（3）摘心打顶。为了促进菊多分枝、多孕蕾开花和主干生长粗壮，应于小满前后，当苗高 20cm 左右时进行第一次摘心，即选晴天摘去顶心 1~2cm。以后每隔半月摘心 1 次，共 3 次。在大暑后必须停止，否则分枝过多，营养生长过旺，营养跟不上，则花朵变得细小，反而影响菊花产量和质量。此外，对生长衰弱的植株，也应少摘心。

【采收加工】

1. 采收时间

菊花的采收适期为霜降至立冬。根据产品要求差异分为两种。

（1）胎菊采收。采白头花，花将开未开、刚露白头时采收。

（2）朵菊采收。花开散开到八九成满时采收。

2. 采收方法

采菊花宜在晴天露水干后采收，不采露水花，否则容易腐烂、变质，加工后色逊，质量差。如果遇到连日下雨，也可以雨天采收，采后摊放在干净的塑料布或者竹席上，铺开，防止发热，晾 1~2d，花上的水汽干后，进行杀青。

3. 加工方法

（1）杀青。就是把菊花杀死，防止花瓣松散脱落、香气散失，品质下降。杀青最好用锅炉蒸汽杀青，一般 0.5min 内就能完成。

（2）烘干。杀青后直接倒入烘干盘或者竹筛中，放入烘房烘干，也可以晴天晒干。

第二节　忍　冬

【别名】金花、银花、双花、二花、忍冬花，如图 3-2 所示。

图 3-2　忍冬

【药用部位】以干燥花蕾入药。忍冬的藤也可入药，为忍冬藤。

【种植技术】

1. 选地整地

忍冬栽培对土壤要求不严，抗逆性较强。为便于管理，以平整的土地，有利于灌水、排水的地块较好。移栽前每 667m^{2}施入充分腐熟有机肥 3 000～5 000kg，深翻或穴施均可，耙磨、踏实。

2. 繁殖与育苗

（1）扦插繁殖。生产上常用的方法是扦插育苗法。凡有灌水条件者，一年四季都可扦插育苗，但一般多冬插、春插和伏雨季节扦插。冬、春季扦插育的苗，到雨季约半年即可挖出栽培；伏雨季节扦插育的苗，冬、春季即可栽植。扦插圃地只要能保持地面湿润。

①插穗的选用。选一二年生健壮、充实的枝条，截成长 30cm 左右的插条，约保留 3 个节位。也可以结合夏剪和冬剪采集，采后剪成 25～30cm 的穗段。选用结果母枝作插穗者，上端宜留数个短梗。

②扦插。在平整好的苗床上，按行距 30cm 定线开沟，沟深 20cm。沟开好后按株距 5～10cm 直埋于沟内，或只松土不挖沟，将插条 1/2～2/3 插入孔内，压实按紧。待一畦或一方扦插完毕，

即应及时顺沟浇水，以镇压土壤，使插穗和土壤密接。水渗下后再覆薄土一层，以保墒保温。插穗埋土后上露出5~8cm为宜，以利新芽萌发。

③插后管理。要加强圃地管理。根据土壤墒情，适时浇水，松土除草。夏季扦插，经过7~8d，芽即开始萌动，十多天后开始生根。冬、春季扦插，一般先生根后发芽。幼苗发生病虫害时要及时防治。

④移栽。在早春萌发前或秋冬季休眠期进行。在整好的栽植地上，按行距130cm、株距100cm挖穴，宽、深各30~40cm，把足量的基肥与底土拌匀施入穴中，每穴栽壮苗1株，填细土压紧、踏实，浇透定根水。

（2）分株繁殖。冬季或早春萌芽发叶前，选取四年生以上生长健壮、无病虫害、长有根蘖苗的植株，将其根际周围挖开，选择占根蘖苗1/3的苗株连根取出定植。被分株的母株，当即施肥覆土踏实，以恢复株势。

（3）压条繁殖。秋、冬季植株休眠期或早春萌发前进行。选择三四年生、生长健壮、产量高的忍冬作母株，将近地面的一年生枝条弯曲埋入土中，覆盖10~12cm厚的细肥土，并用枝杈固定压紧，使枝梢露出地面，若枝条长，可连续弯曲压入土中，压后需浇水施肥，秋后即可将发根的压条苗截离母株定植。

3. 移栽

在秋、冬季休眠期或早春萌发前进行。忍冬生活力强，起苗可不带宿土，如遇天旱，为保证成活，需要带宿土或用黄泥浆根。定植时，先在挖好的穴内施肥，每穴施腐熟厩肥或土杂肥30kg，与整地挖穴时的表层肥土拌匀施入，每穴栽苗1株，填表层肥土压紧踏实，浇透定根水，盖上细土后，再覆草保湿，以利成活。

4. 田间管理

（1）中耕除草。定植成活后的头两年，每年中耕除草3~4

次，第一次在春季萌芽展叶时进行；第二、第三、第四次分别在6月、7—8月、9月进行。在植株根际周围宜浅，其他地方宜深，避免伤根。第三年以后，根据杂草生长情况，可适当减少中耕除草次数。进入盛花期，每年春夏之交需中耕除草1次，每3~4年深翻改土1次，结合深翻，增施有机肥，促使土壤熟化。

（2）追肥。每年早春萌发后和每次采花蕾后，都需要追肥1次，春、夏季每株施腐熟人畜粪尿20kg或尿素0.3~0.5kg；冬季每株施腐熟厩肥或土杂肥20kg、尿素0.3kg、过磷酸钙0.5kg。在植株根际周围开沟施入并覆土盖肥。冬季施肥盖土后还需要在根际周围培土，厚约5cm，以利于防寒越冬。

（3）整形修剪。忍冬的整形修剪主要是培养成伞形直立小灌木。栽后成活的1~2年内，当主干长至40cm时，剪去顶梢，促进侧芽萌发成枝条。翌年春季在主干上部选留粗壮枝条4~5个，作为主枝。冬季从主枝上长出的一级分枝中，保留6~7对芽，剪去顶部。以后，再从一级分枝上长出的二级分枝中，保留6~7对芽，剪去顶部，再从二级分枝上长出的枝条上，摘去“✓”状的嫩梢，如没有这种嫩梢，就不要摘除。一般入春后在二级分枝中或原来的老枝上萌发出节密而短、叶细的幼枝均是花枝，应予保留。通过修剪整形，忍冬便从原来缠绕生长改为枝条疏朗、通风透光、分布均匀、主干粗壮直立的伞形灌木状花墩。由于忍冬当年生枝条具有能发育成花枝的特性，通过上述修剪措施，能促进多发新枝，多形成花蕾，从而达到增产的目的。冬剪于霜降后至封冻前进行。冬剪在培养伞形树形的同时，还应剪除枯老枝、细弱枝、病虫枝、交叉扰乱树形的长枝等，使养分集中于抽生新枝和形成花蕾。在每茬采花后，同样进行夏季修剪。每次修剪后都应追肥1次。

（4）灌溉和排水。花期若遇天气干旱或雨水过多时，均会造成大量落花、沤花、幼花破裂等现象。因此，要及时做好灌溉和排水工作。

【采收加工】

1. 金银花

(1) 采收。采花时间在9—12时，有露水时和降水天不宜采，如有烘干设备也可采摘。上午采的花青白色质重，干燥容易，香气浓厚，出商品率高，质量好。中午以后和阴天采的花质较差，加工率低。采摘时用竹篮或藤笼，不能用布袋、塑料袋、纸盒装，以防受热生潮，使体内的酶和蛋白质发酵，变色生霉。花蕾和花组织很嫩，必须轻采轻放，忌用手捋掐紧压，以免影响质量。

(2) 加工。采摘后要及时加工，防止堆沤发酵。可晾干或烘干。

①晾干。将鲜花薄摊于晒席上晾干，不要随意翻动，否则会使花变黑或烂花，最好当天晾干，花白，色泽也好。

②烘干。初烘时温度不宜过高，控制在30℃左右。烘2h后，可将温度提高到40℃，鲜花逐渐排出水汽。经5~10h后，使室温保持在45~50℃，再烘10h，水分大部分可排出，最后将室温升至55~60℃，使花迅速干透。烘干的花比晾干的花质量好。烘时不能翻动，也不能中途停烘，否则会变质。

2. 忍冬藤

忍冬藤采回后拣除混入的其他植物的茎枝，扎成束晒干，再用绳捆或麻袋、芦席包装贮于干燥处备用。

第四章　根类中药材

第一节　三　七

【别名】参三七、汉三七、金不换、血参、田七，如图 4-1 所示。

图 4-1　三七

【药用部位】以根和根茎入药。

【种植技术】

1. 播种

（1）选地整地。宜选海拔 700~1 500m、排水良好的壤土或沙质壤土，土层深厚肥沃、富含腐殖质，土壤 pH 值为 6~7，背风向阳地。秋季进行多次翻耕（深度 40cm 左右），犁耙 3~4 次，使土壤充分风化，在翻地的同时施入基肥，施入量为腐熟厩肥 1 500~2 500kg/667m^2，同时结合整地用 1kg 70%五氯硝基苯或 2%福尔马林对土壤进行消毒。然后再将地耕耙 2 次，整平耙细，一般顺坡向作畦，以利排水和田间操作。畦高为 20~30cm、宽为 60~80cm，畦间距离为 45~60cm，畦长因地形而异，一般 6m 或 10~12m，畦面为龟背形（覆瓦状）。

（2）选种和种子处理。选择生长健壮、无病虫害的三年生三七植株留种。选后做好标记，在现蕾到开花期，增施 1 次磷钾肥，培育壮苗，摘除花序外围的小花。培育至 11—12 月，当大量果实成熟变红时采种，连花梗一同摘下，除去花盘和不成熟果实后即可播种。

采集二三年生无病虫害鲜红熟透的果实，在流水中揉搓，洗去果肉，漂出种子。因其种子具有后熟性，所以选择籽粒饱满的种子用湿沙保存到 12 月至翌年 1 月解除休眠后，此时即可播种。可用 1∶1∶200 波尔多液浸种 10min，或用 65%代森锌 500 倍液浸种 20min，也可用大蒜汁水（大蒜汁 1kg，加水 10kg）浸种 2h，浸种后用清水冲洗，晾干后与草木灰、骨粉或钙镁磷肥拌种后播种。

（3）播种。三七播种多采用穴播或条播，穴播的行株距为 6cm×5cm 或 6cm×6cm；条播是按 6cm 的行距开沟，沟深 2~3cm，在沟内按 5~6cm 株距撒种，覆盖火土或细土拌农家肥 1.3~2.6cm，然后覆一层稻草（稻草切成 6.6~10cm 小段，用石硫合剂消毒），以防止杂草生长和水分蒸发，又可防止荫棚漏雨打烂畦面，影响幼苗生长。

（4）移栽。播种 1 年后（俗称“籽条”）就可移植，移植的新地必须与苗床用同样方法整理。一般于 11 月下旬至翌年 1 月（大雪或冬至期间）移栽，在休眠芽萌动前完成。起苗前 1~2d 先向床面淋水，使表土湿透，然后将种苗小心挖起，谨防损伤根。选苗时将好苗分级栽培，有利于出苗整齐，而且便于管理。

移栽时，将种苗黄叶剪去，用波尔多液或石硫合剂对种苗处理，然后用清水冲洗晾干后移栽，大、中、小分别按行株距 18cm×18cm、18cm×15cm、15cm×15cm 开穴，穴深 3～5cm，将芽头一律朝下放于穴内，苗与沟底成 20°～30°的角度，施以腐熟细碎并消毒的有机肥，边栽边盖土，厚度以不露出芽头为佳，不宜太厚；畦面盖草，厚度以不见土肥为原则。

2. 田间管理

（1）搭设荫棚及调节荫棚。三七是阴生植物，对光照要求严格，整地后搭棚，荫棚的透光度应随季节和栽培地点而不同。搭棚一般立柱为 2.3m，横、顺杆根据材料长短而定，棚高 1.8～2m，棚长短根据畦向地势决定。

一二年生三七透光度要求偏低，三年生则要求较强的透光度。一般早春气温低，园内透光度可调节在 60%～70%，4 月透光度调节到 50%左右；夏季（5—9 月）园内透光度调节在 45%～50%；秋分（10 月）后气温逐渐转凉，园内透光度逐渐扩大到 50%～60%；12 月园内透光度可增加到 70%。

（2）松土除草。三七是浅根性中药材，大部根系集中在表层 15cm 层中，因此，不宜中耕松土。在除草时，用手握住杂草的根部，轻轻拔除，不要影响三七根系。拔除时若有三七根系裸露时，及时培土覆盖。

（3）摘蕾疏花。为了减少养分的消耗和提高根茎的产量，不留种的田块，在 7 月出现花蕾时，要及时摘除整个花蕾，以便提高三七产量；疏花在三七花撒盘时，按花的大小目测，将边花修剪去 1～3 圈即可。

（4）水肥管理。三七喜阴湿，不耐高温和干旱，高温或干旱季节要勤灌水，畦面始终保持一定的湿度。如遇春旱或秋旱天气，要及时做好浇水工作。雨季要及时疏沟排水，同时畦面撒一层草木灰为好。

三七根入土比较浅，需肥量大，追肥要掌握“少量多次”的原则，主要用有机肥，如猪粪、牛粪、羊粪和堆肥等，堆肥要充分腐熟，可用2%福尔马林浇透，用土覆盖，使充分腐熟发酵后使用。第一次施肥在早春2月出苗初期，在畦面撒施草木灰（25~50kg/667m^2）2~3次；第二次在展叶后期4—5月追混合肥（1 000kg/667m^2）1次，促进植株生长旺盛；第三次在6—8月进入开花结果时期，应追混合肥（1 000~1 500kg/667m^2）2~3次。

（5）冬季护理。为了防止冬季冻坏芽头，霜降后，结合最后一次中耕施肥，将茎苗离畦面0.6cm剪掉，稀疏围篱，清除杂草、田间残叶，并打扫干净，集中到园外深埋或烧毁，用杀虫、杀菌剂如波尔多液或石硫合剂对天棚、围篱、畦面和沟周围进行全面消毒，减少越冬病虫。

【采收加工】

1. 采收

种植3年以上方可采收，采收每年分两期，不留种的三七，在10—11月采收，称“春三七”；留种的三七，11—12月采收，称“冬三七”。采收多选择晴天进行，将根全部挖出，抖净泥土，运回加工。起收时，要尽量减少损伤。

2. 加工

将采挖的三七去掉茎叶，将根泥土洗净，摘下须根晒干即成。其中摘下的根茎称“剪口”或“羊肠头”，修下支根条称“筋条”，剪下的须干后称“三七须”。在日晒过程中，要反复揉搓，使其收缩紧实，直至全干，如遇阴天可用火炕40~50℃烘烤，烘至六七成干时，边烘边揉搓，经3~4次反复揉搓后，使其表皮光滑，使含水量保持在12%~13%，形成体形圆整的商品。

第二节　当　归

【别名】秦归、云归、西当归、岷当归等，如图4-2所示。

【药用部位】以干燥的根入药。

图 4-2　当归

【种植技术】

1. 播种

（1）选地整地。育苗地宜选阴凉的半阴山，以土质疏松肥沃、结构良好的沙质壤土为宜。栽培前，选土层深厚休闲地。7月中旬，先把灌木砍除，把草皮连土铲起，晒干堆起烧成熏土灰，均匀扬开，随后田地深耕 20~25cm，日晒风化熟化。然后在栽种前，结合整地施入腐熟厩肥 2 500kg/667m^2，翻入土中作基肥。播前再深耕 1 次，作宽 1.3m 的高畦，高为 25~30cm，畦间距为 30~40cm，四周开好排水沟。

（2）播种。播种早，则苗龄长，早期抽薹率高；过晚则成活率低，生长期短，幼苗弱小。一般认为苗龄控制在 110d 以内，单根重量控制在 0.4g 左右为宜。高海拔地区宜于 6 月上中旬播种，低海拔地区宜于 6 月中下旬播种。在畦面上按行距 15~20cm 的横畦开沟，沟深 3cm 左右，将种子均匀撒入沟内，覆土 1~2cm，整平畦面，盖草保湿遮光。当归萌发生长温度为播种前 3~

4d 可先将种子用 30℃的温水浸 24d，然后保湿催芽，种子露白时就可均匀撒播。8 月初揭去盖草。播种量 5kg/667m^{2}左右，播后半个月左右出苗，此时将盖草挑松，以防揭草时伤苗。如采用撒播，播种量可达 10~15kg/667m^2。

也可采用地膜覆盖育苗，选用长度 70~80cm、厚度 0.005~0.006mm 的强力超微膜。膜上加盖遮阴物。苗基本出齐时，应及时揭除平膜，翻抖盖草或松毛，间除杂草，并逐次揭除松毛，此时药苗幼嫩，需加盖或更新遮阴物，使遮阴率达 80%以上。

幼苗二叶一心后，即可进行通风炼苗，按先两头（7d 左右）后四周进行（不能去除拱膜，以防霜冻）。至三叶一心后，可逐次适量减少遮阴物。

（3）移栽。一般在春季 4 月上旬移栽为适期。过早，易遭晚霜为害；过晚，移栽时易伤苗。种苗一般选用直径 2~5mm、生长均匀、无病伤、分叉少、表皮光滑的小苗备用（苗龄 90~110d），过细和大苗尽量慎用。种苗栽种前用 40%多菌灵 500g 兑水 10~15kg 配成药液，浸蘸种苗 10h 后再移植，可预防病虫害和当归麻口病。栽种时，将畦面整平，按株行距 30cm×40cm 按三角形错开开穴，穴深 15~20cm，每穴按“品”字形栽大、中、小苗共 3 株，移栽时要理顺根系，使之全部入土，注意不使根尖上翘露泥，不能掩埋心叶，做到随取随栽。栽后边覆土边压紧，覆土至半穴时，将种苗轻轻向上一提，使根系舒展，然后盖土至满穴。也可采用沟播，即在整好的畦面上横向开沟，沟距 40cm，深 15cm，穴距 20cm 的株距，大、中、小相间置于沟内，芽头低于畦面 2cm，盖土 2~3cm。

2. 田间管理

（1）间苗、定苗、补苗。直播时，苗高 3cm 可间苗；穴播者，每穴留苗 2~3 株，株距 3~5cm，苗高 10cm 时定苗，最后一次中耕应定苗；条播者，株高 10cm 时定苗。当归一般移栽后 20~30d 出苗，苗齐后及时查苗补苗。

（2）松土除草。每年进行 3～4 次，第一次于苗高 3cm 时，结合间苗除草 1 次；第二次于苗高 6cm 时进行，此时因主根扎入土层较浅，宜浅松土；第三次于定苗后进行，可适当加深；第四次于苗高 20～25cm 时进行，可深锄。封行后不再松土除草。

（3）水肥管理。当归苗期需要湿润条件，降水不足时，应及时适量灌水。雨季应挖好排水沟，注意排水，以防烂根。

当归为喜肥植物，除了施足底肥外，还应及时追肥，但幼苗期不可多追氮肥，以免旺长。追肥应以油渣、厩肥等为主，同时配以适量速效化肥。追肥分两次进行，第一次在 5 月下旬，以油渣和熏肥为主。若为熏肥，应配合适量氮肥以促进地上叶片充分发育，提高光合效率。第二次在 7 月中下旬，以厩肥为主，配合适量磷、钾肥，以促进根系发育，获得高产。

（4）摘花薹。栽培中因控制不当有提早抽薹的植株时，应及早剪除摘净，否则会影响药材质量。

【采收加工】

1. 采收

秋季直播繁殖的在翌年、育苗移栽的在当年 10 月下旬植株枯黄时采挖。在收获前，先割去地上叶片，暴晒 3～5d。割叶时要留下叶柄 3～5cm，以利于采挖时识别，然后小心挖取全根。

2. 加工

（1）全当归。先将泥土除净，挑出病烂根，掰去残留叶柄，晾干数日至根条变软时，除去须根，按根条数大小理顺，扎成 0.5～1kg 的扁平把子，平放与立放相间铺在特制的熏棚内的炕架上，在室内用湿草作燃料生烟烘熏，使当归上色。熏烤以暗火为好，忌用明火，温度保持在 60～70℃，要定期停火回潮。10～15d 后，上下翻堆，使干燥程度一致。翻棚后用急火熏 2d，再用文火熏至根把内外干燥一致，待全部干度为 70%～80%时，停火，利用余温使其完全干燥。用手折断时清脆有声，表面黄棕色，断面乳白色为好。当归加工时不可经阴干或日晒，阴干质轻，皮肉发青；日晒易干枯如柴，皮色变红走油。也不宜直接用煤火熏，煤火熏使其色泽发黑、影响质量。

（2）当归头（葫首归）。选当归根头部分单独干燥后，撞去表面浮皮，露出粉白肉色为度。

第三节　人　参

【别名】黄参、棒槌、血参、神草、土精，如图 4-3 所示。

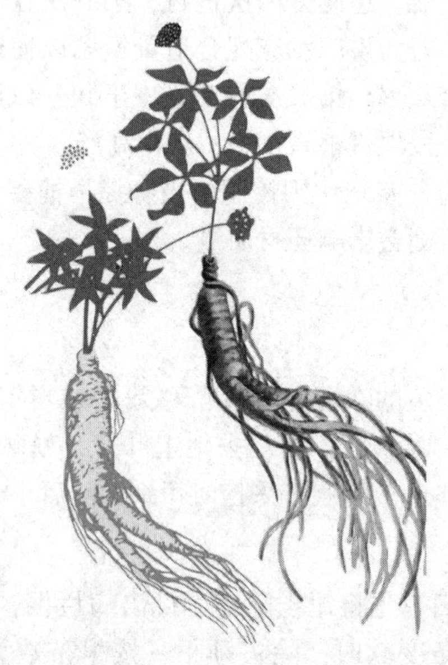

图 4-3　人参

【药用部位】以干燥的根和根茎入药。

【种植技术】

1. 播种

（1）选地整地。如是林地栽参，宜选用坡向北或东北、坡度在 15°~30°、排水良好、土质疏松肥沃的阔叶林地，pH 值为

5.5~6.8、腐殖质含量高的沙壤土。坡地畦一般采用“东北阳”。

在栽参的土壤中，将大量腐熟的猪圈肥、堆肥、草炭等按每平方米3kg施入，上一年湿玉米秆扎成段经堆沤腐熟后施入更好，用旋耕机或畜力犁每月耕翻1次，使之充分腐熟，日光杀病虫，种参前1个月作垄，再翻捣两次。结合翻耕施入5%辛硫磷1kg/667m^{2}或50%退菌特3kg/667m^{2}对土壤进行消毒处理。为便于灌溉、喷药等田间管理，最好搭2m左右的高棚，作业道比林地栽参窄40cm左右，过窄不利排水。夏播作畦时间为7—8月；秋播和春播作畦时间为9—10月。畦宽为1.2m，畦高为30cm左右，畦间距为1~1.2m，畦长根据地形而定，同时要挖好排水沟和出水口。

（2）选种和种子处理。选育良种和选用大籽是培育大苗的必备条件。目前国内外栽培的均属紫茎绿叶红果种类型，我国已繁育出一定数量的青茎黄果种。在红果类型中又分出青茎红果和紫茎青叶红果两个品系，此两种类型正在分离繁育之中。

人参经过参农的长期人工选择和自然选择形成一些“农家品种”，如大马牙、二马牙、长脖、圆膀圆芦等。大马牙，主根粗短、芦碗大，生长快，产量高，吉林省抚松县为代表产区。二马牙，根茎和主体均较长，侧根较少，经整形栽培后，两条分根如人形般美观，称“边条参”，吉林省集安市为代表产区。长脖，根茎细长，参体小巧玲珑，经多年培植可代野山参，称“充山参”，主产区为辽宁省宽甸县。圆膀圆芦，其根茎长度、植株生长快慢及其大小均间于二马牙与长脖之间。

人参产区一般用层积法处理种子，将框（高40~60cm，宽90~100cm，长度根据种子多少而定）安置于地上，框底铺20cm厚的石子，其上铺10cm厚的过筛细沙，种子经筛选、水选后，用清水浸泡24h，浸种后捞出稍晾干（以种子和沙土混拌不黏为度），然后向种子中加入2倍量（以体积计算）的调好湿度的混合土，混匀后装床。床上扣盖铁纱网防鼠害。框外围填土踏实，盖上席帘或架设荫棚，以防温度过高。8—9月，经常检查，温度控制在15~20℃，土壤水分保持在10%~15%。经60~80d种子裂口时，即可播种。如翌年春季播种，可将裂口种子与沙混合装入罐内，或埋于室外，置冷凉干燥处贮藏。播种前将种子放入冷水中浸泡2d左右，待充分吸水后播种。

（3）播种。可分为春播、夏播（伏播）、秋播，产区多行伏播和秋播。春播在4月中下旬，多数播种冷冻贮存后种子的催芽籽，播后当年春季就出苗。夏播亦称伏播，采用的是干籽（指从果实搓洗出来的自然风干后的种子），一般要求在6月下旬前播完。天气暖和，生育期长的地方（播种后高于15℃，天数不少于80d），可延迟到7月中旬或下旬。秋播多在10月中下旬进行，播种当年催芽籽，播后翌年春季出苗。

（4）移栽。目前多用“二三制”（育苗2年，移栽3年）、“二四制”（育苗2年，移栽4年）、“三三制”（育苗3年，移栽3年）和“三二二制”（育苗3年，移栽2年，再移栽2年）。

①移栽时间。人参有春栽和秋栽之别，现多采用秋栽，秋栽一般在10月中旬地上茎叶枯黄时进行，一般以栽后床土冷凉，渐渐结冻为佳。过早移栽易烂芽苞，过晚参根易受冻害。春栽一般在4月参根生长层土壤解冻后进行移栽。

②参株的选择及消毒。目前参区多选健壮完整、芽苞肥大、浆液饱满、无病虫害的二三年生参苗，对从病区选出的参苗应进行消毒处理。一般用65%代森锌可湿性粉剂100倍液，浸渍10min；或用400倍液喷洒参苗，以防治病害。

③栽植密度。移栽密度应根据移栽年限和参苗等级而定。年限长，行株距要大些，反之则小些。一般栽植密度行距为20~30cm，株距8~10cm（“二四制”）。

④栽植方法。多采用“摆参法”，即在畦上开槽，按规定的行株距，将参苗的芦头朝上30°~40°顺次摆开，随摆随盖土、耧平以防位置移动。覆土深度应根据参苗的大小和土质情况而定。

土质沙性大，阳坡易旱地，覆土要厚些；反之应薄些。秋栽后，畦面上应用秸秆或干草等覆盖，保湿防寒，厚10~15cm。冻害严重的地区，在覆盖物上还要加盖10~12cm防寒土。

2. 田间管理

（1）搭设荫棚。人参属于阴性植物，整个生长发育期间需要适宜的水分但不能被伏雨淋渍，需要一定强度的光照但怕强日照暴晒，所以出苗后应立即搭设荫棚。根据棚架的高矮和外形来分，有高棚、矮棚、平棚、脊棚、拱棚之分。根据透光、透雨情况来分，有单透棚和双透棚之分，单透棚只透光不漏雨，双透棚既透光又透雨。双透棚因未用塑料薄膜隔雨，只适用于雨水较少，土壤透性好，腐殖质含量不太多的地区采用，还必须畦面覆盖，否则雨水冲刷、浸泡，致使土壤板结，病害严重。不论什么棚都必须考虑帘子的稀密度，一般是透光15%~30%为好，因此，要适当调光。如吉林省长白县气候较冷，5月只盖一层膜，6月一层膜加一层花，7月一层膜加两层花，8月同6月，9月同5月。

（2）松土除草。必须适时适度松土。一般4月上中旬，芽苞开始向上生长时，及时撤除覆盖物，并耙松表土，耧平畦面。参苗出土后，5月中下旬（小满至芒种）进行第一次松土除草，以提高地温，促进幼苗生长。第二次在6月中下旬。以后每隔20d进行1次，全年共进行4~5次松土除草。松土除草时切勿碰伤根部和芽苞，以防缺苗。育苗地可在出苗接近畦面时松松表土，待小苗长出后，见草就拔，做到畦面无杂草。

（3）摘蕾疏花。人参三年生以后年年开花结实。5月中下旬花蕾抽出时，对不留种的参株应及时摘除花蕾，使养分集中，从而提高人参的产量和质量。

五年生人参留种时，要把花序上花蕾疏掉1/3或1/2，可使种子千粒重由23g左右提高到30~35g。疏花在6月上旬把花序中间的1/3~1/2摘掉即可。

（4）水肥管理。四年生以下人参因根浅，多喜湿润土壤；而高龄人参对水分要求减少，水分过多时，易发生烂根。因此，要控制水分，做好防旱排涝。农田栽参可用滴灌或微喷等先进灌溉技术，既省水又不易使土壤板结。畦面盖草比不盖草节约灌溉用水。由于农田土有机质不如林地土高，孔隙度也相应少。因此，人参生长的相对含水率不能高于 84%，否则透气性不够，影响生长。

人参以基肥为主，多施有机肥可改良土壤。追肥宜早施，肥料必须腐熟，以免发生肥害。移栽后的参苗可于出土后在行间开浅沟，将农家肥（猪粪、牛粪、马厩肥 5~10kg/m^2）或饼肥、过磷酸钙或复合化肥 50g/m^{2}左右施入沟内，覆土。施肥后应及时浇水，否则土壤干旱容易发生肥害。根侧追肥多在 5 月下旬至 6 月初，结合第一次松土开沟施入。一般参地每平方米施 150g 豆饼粉，或 100g 豆饼粉加 50g 炒熟并粉碎的芝麻或苏子。6 月下旬或 7 月初进行根外追肥，追施人参叶面肥。

（5）越冬防寒。人参耐寒性强，但是气温在 0℃上下剧烈变动，即一冻一化时，常使参根出现“缓阳冻”。因此，在 10 月中下旬植株黄枯时，将地上部分割掉、烧毁或深埋，以便消灭越冬病原。同时要在畦面上盖防寒土，先在畦面上盖一层秸秆，上面覆土 8~10cm 以防寒。

【采收加工】人参皂苷含量是随着人参生长年限的增长而增加，五六年生积累增长速度最快，七年生以后，虽然根体总皂苷含量增多，但积累速度逐渐下降。我国人参产区多数在六年生收获参根。一般于 9 月至 10 月中旬挖取，早收比晚收好。挖时防止创伤，摘去地上茎，装筐运回，并将人参根按不同品种的加工质量要求挑选分类。做到边起、边选、边加工。

人参加工的种类，按其加工方法和产品药效可分为四大类，即活性人参、红参、生晒参和糖参。

（1）生晒类。鲜参经过洗刷、干燥而成的产品。其商品品种有生晒参、全须生晒参、白干参、白直须、白弯须、白混须、皮尾参等。

（2）红参类。将适合加工红参的鲜参经过洗刷、蒸制、干燥而成的产品。商品品种有红参、全须红参、红直须、红弯须、红混须等。

（3）糖参类。将鲜参经过洗刷、熏制、炸参、排针、浸糖干燥而成的产品。商品品种有糖棒（糖参）、全须糖参（又称白人参）、掐皮参、糖直须、糖弯须、糖参芦等。

第四节　丹　参

【别名】紫丹参、血参、大红袍、红根等，如图 4-4 所示。

图 4-4　丹参

【药用部位】以干燥的根和根茎入药。

【种植技术】

1. 播种

(1) 选种。山东丹参的品种有鲁丹参1号、鲁丹参2号，是常规选育高产优质品种；鲁丹参3号是通过航天搭载诱变和地面定向培育的新品种。

四川省中江县栽培的丹参主要是中江大叶型丹参和中江小叶型丹参，还有中江野丹参。大叶型丹参根条较短而粗，植株较矮，叶片大而较少，为当前主栽品种，产量高，但退化较严重，要注意提纯复壮；小叶型丹参根较细长而多，主根不明显，植株较高，叶多而小，花序多，目前栽培面积较小。

(2) 选地整地。丹参根系发达，适宜选择光照充足、土层深厚、疏松肥沃、浇水方便、排水良好、地下水位不高、pH值为6~8的沙质壤土进行合理轮作，低洼地、黏土和盐碱地均不宜栽种。丹参为深根多年生植物，不宜连作，可与小麦、玉米、大蒜、蓖麻等作物或非根类药材轮作，不适宜与豆科或其他根类药材轮作。前作收获后施腐熟农家肥（堆肥或厩肥）1 500~3 000kg/667m^2、磷肥750kg作基肥，深翻30~40cm入土中，然后整细整平，并作宽70~150cm的高畦，在北方降水较少的地区可作平畦，南方作高畦，开好排水沟使其旱能浇、涝能排，以利于排水。

(3) 播种。丹参用种子繁殖、扦插繁殖、分根繁殖和芦头繁殖，以分根繁殖和种子繁殖为主。

①种子繁殖。丹参种子细小，发芽率70%左右，直播法往往出苗不齐，故多选用育苗移栽法。播种时间应在种子收获后即时播种，一般在6月末或7月初。采取条播（种子与河沙混合）或穴播，行距为30~45cm，株距为25~30cm挖穴，穴内播种量5~10粒，覆土2~3cm。条播沟深3~4cm，覆土2~3cm，播种量0.5kg/667m^2左右。如果遇干旱，播前浇透水再播种。播后盖地膜，保温保湿。当地温达到20℃左右时，15~20d出苗。当开始

出苗返青时，在傍晚或阴天逐渐多次揭去覆盖物（注意：覆盖物揭得太迟会将苗捂黄或捂死）。幼苗 3～5 片真叶时，如发现过密应进行间苗，间出的苗可外行栽植、培育。播种后经 2 个月生长，即可移栽。储存时间超过 9 个月的种子，发芽率极低，不宜使用。

种苗在移栽前要进行筛选，对烂根、色泽异常及有虫咬或病苗、弱苗要除去（特别要注意根部有小疙瘩的苗子必须剔除，此为根结线虫病）。优选无病虫的丹参苗，栽前用 50%多菌灵或 70%甲基托布津 800 倍液蘸根处理 10min，晾干后移栽，以有效地控制根腐等病菌的侵染。

种苗移栽在 10 月下旬至 11 月上旬（寒露至霜降之间）进行，春栽在 3 月初。株行距 20cm×20cm，视土壤肥力而定，肥力强者株行距宜大。在垄面开穴，穴深以种苗根能伸直为宜，苗根过长的要剪掉下部，保留 10cm 左右长的种根即可；将种苗垂直立于穴中，培土、压实至微露心芽，栽 12 000株/667m^2左右，栽后视土壤墒情浇适量定根水，忌漫灌。

②分根繁殖。栽种时间一般在当年 2—3 月，也可在上一年 11 月上旬（收获时）立冬前栽种，也可湿沙藏至翌春。也可采用留种地当年不挖，到翌年 2—3 月间随挖随栽。冬栽比春栽产量高。

一般选直径 1cm 左右、色鲜红、无病虫害、顶端有宿芽 3～5 个的一年生侧根作种，最好用上中段，细根萌芽能力差。在准备好的栽植地上按行株距（25～40）cm×（20～30）cm 开穴，穴深 5～7cm，穴内施入充分腐熟的人畜粪尿，然后将种根条掰成 5cm 左右的节段，每节有 2 个芽，直立放入穴内，边掰边栽，上下端切勿颠倒，最后覆土 3～5cm，不宜过厚，否则影响出苗，稍压实。为使丹参提前出苗，可用根段催芽法，还可盖地膜以提高地温，改善土壤环境，促进丹参的生长发育，从而提高产量。翌年 3—4 月根段上部都长出白色的芽时，可以栽植大田。该法栽植出苗快、齐，不抽薹，不开花，当年难收到种子，叶片肥大，根部充分生长，产量高。

③扦插繁殖。南方春栽1—4月，北方秋栽6—8月，在整好的畦内浇水灌透，将健壮、无病的茎枝剪成17~20cm的小段，下部切口要靠近茎节部位，呈马蹄形。按行距20cm，株距10cm，斜插入土2/3，顺沟培土压实，地上留1~2个叶片。边剪边插，不能久放，否则影响插条成活率。保持土壤湿润，适当遮阴。一般20d左右便可生根，成苗率90%以上。待根长3cm时，便可定植于大田。

④芦头繁殖。3月选无病虫害的健壮植株或野生丹参，剪下粗根药用，而将细根连芦头带心叶用作种苗进行种植。剪去地上部的茎叶，留长2~2.5cm的芦头作种栽，按行株距（30~40）cm×(25~30)cm，挖3cm深的穴，每穴栽1~2株，芦头向上，覆土盖住芦头为度，浇水，4月中下旬苗出齐。芦头繁殖，栽种后翌年即可收获。

2. 田间管理

（1）大田土壤处理。如选地块属根结线虫等病害多发区，施入3%辛硫磷颗粒3kg/667m^2，撒入地面，翻入土中，进行土壤消毒；或者用50%辛硫磷乳油200~250g，加10倍水稀释成2~2.5kg，喷洒在25~30kg细土上，拌均匀，使药液充分吸附在细土上，制成毒土，结合整地均匀撒在地面，翻入土中，或者将此毒土顺垄撒施在丹参苗附近，如能在雨前施下，效果更佳。

（2）大田的清理及起垄。清除大田四周杂草病远离田间集中烧毁，施充分腐熟的厩肥或绿肥1 500~2 000kg/667m^2、磷酸二铵10kg作底肥，深翻30~35cm，整细、耙平、作垄。垄宽1.2m、高20cm，垄间留沟25cm宽。大田四周开好宽40cm、深35cm的排水沟，以利田间排水。

（3）查苗补苗。在每年5月上旬以前，对缺苗地块进行检查。选择与移栽时质量一致的种苗，时间选择在晴天的15时以后补栽；如种苗已经出苗或抽薹，则需要剪去抽薹部分，只留1~2片单叶即可，移栽后需要浇透定根水。

（4）中耕除草。分根繁殖法因盖土太厚妨碍出苗的，刨开穴土，以利出苗。一般中耕除草3次，4月幼苗高10cm左右时进行1次；6月中旬开花前后进行1次，8月下旬进行1次，平时做到有草就除。育苗地拔草。避免造成荒苗，导致严重减产或死苗。

（5）水肥管理。5—7月是丹参生长的旺盛期，需水量较大，丹参根系增重最快的时期在8月中旬至10月中旬，因此这一时期营养水分充足与否对产量影响很大，如遇干旱，土壤墒情缺水时，应及时由垄沟放水渗灌或喷灌。禁用漫灌。丹参最忌积水，在雨季要及时清沟排水。

开春后，丹参要经过9个月的生长期才能收获，除栽种时多施底肥外，在生长过程中还必须追肥3次。第一次在全苗后中耕除草时结合灌水施提苗肥。第二次在4月末至5月中旬，不留种的地块，可在剪过第一次花序后再施；留种的地块可在开花初期施；一般以施氮肥为主，以后配施磷、钾肥；如施用肥饼、过磷酸钙、硝酸钾等，最后一次要重施，以促进根部生长。第一、第二次可施腐熟粪肥1 000~2 000kg/667m^2、过磷酸钙10~15kg/667m^{2}或尿素5~10kg/667m^2，硫酸钾复合肥5~10kg/667m^{2}或肥饼50kg/667m^2。第三次施肥于收获前2个月，应重施磷、钾肥，促进根系生长，施肥饼50~75kg/667m^2、过磷酸钙4kg/667m^2，或硫酸钾复合肥10~15kg/667m^2，二者堆沤腐熟后挖窝施，施后覆土。

（6）摘蕾。除了留作种用外，其余花蕾全部打掉，否则影响根的产量和质量。

【采收加工】

1. 采收

春栽于当年10—11月地上部枯萎或翌年春萌发前采挖。丹参根入土较深，根系分布广泛，质地脆而易断，应在晴天较干燥时采挖。先将地上茎叶除去，在畦一端开一深沟，使参根露出，顺畦向前挖出完整的根条，防止挖断。

2. 加工

挖出后，剪去残茎。如需条丹参，可将直径0.8cm以上的根条在母根处切下，顺条理齐，暴晒，经常翻动，七八成干时，扎成小把，再暴晒至完全干，装箱即成“条丹参”。如不分粗细，晒干去杂后装入麻袋者称“统丹参”。

产品以无芦头、须根、泥沙杂质、霉变，无不足7cm长的碎节为合格；以根条粗壮、外皮紫红色、光洁者为佳。

第五节 膜荚黄芪

【别名】棉芪、绵芪、黄蓍、黄耆、绵黄芪、棉黄芪等，如图4-5所示。

图4-5 膜荚黄芪

【药用部位】以根入药。

【种植技术】

1. 播种

（1）选种。可选品种有膜荚黄芪 9188、HQN03-03、陇芪系列等。

（2）选地整地。选择土层深厚、土质肥沃疏松、富含腐殖质、透水力强的中性或微酸性沙壤土；地下水位高、土壤湿度大、黏结、低洼易涝的黏土或土质瘠薄的沙砾土，均不宜种植黄芪，防止鸡爪根和锈斑的发生。地选好后在秋作收获后深翻，一般深耕 30~45cm，施腐熟的农家肥 3 000~4 000kg/667m^2、过磷酸钙 30~40kg/667m^2 作基肥，然后耙细整平作畦，垄距宽 40~45cm，畦高 15~20cm，排水好的地方可作成宽为 1.2~1.5m 的小高垄、中垄或台畦，最好每两畦开一深沟，深 40~45cm，以利于排水；两畦之间开一浅沟，沟深为 20cm，作为作业道。平畦种植也可以，但发病较多，根形不如垄栽的好。

（3）播种。目前生产上有种子直播和育苗移栽两种方式，以种子直播为主。黄芪种皮坚硬，播后不易发芽，播前应进行前处理。

①种子前处理。一般采用机械法或硫酸法对黄芪种子进行预处理。

机械处理。用沸水催芽及机械损伤均可提高黄芪种子发芽率。热水催芽。将黄芪种子放入沸水中不停搅动约 1min，然后加入冷水调水温至 40℃，浸泡 2h 后将水倒出，种子加覆盖物焖 8~12h，待种子膨大或外皮破裂时，趁雨后播种。也可将种子浸于 50℃温水中搅动，待水温下到 40℃后浸泡 24h，捞出洗净摊在湿毛巾上，再盖一块湿布催芽，待裂口出芽后播种。

机械损伤。将种子用石碾碾数遍，使外皮由棕黑色有光泽变为灰棕色表皮粗糙时或在种子中放入 2 倍的河沙搓揉，擦伤种皮后即可播种。

硫酸处理。对老熟硬实的种子，用 70%~80%硫酸处理 3~5min，随后用清水冲洗干净后即可播种，发芽率可达 90%以上。

②种子直播。黄芪可在春、夏、秋三季播种，种子发芽适宜温度为14~15℃。春播一般在3—4月（清明前后）地温稳定在12~15℃时可播种，保持土壤湿润，15d左右即可出苗。夏播在6—7月雨季到来时播种，这时土壤水分充足，气温高，播后7d左右即可出苗。秋播一般在“白露”前后，地温稳定在0~5℃时播种。风沙干旱地区，春、秋播难保苗，且春季出苗时易招引苗期虫害，因此采用夏播，则出苗整齐，幼苗生长健壮。

播种方法主要采用穴播或条播，其中穴播方法较好。穴播按行距33cm、株距27cm挖浅穴，每穴下种4~10粒，覆土厚3cm。条播行距20cm左右，沟深3cm，将种子均匀播于沟内，播后覆盖细土1.5~2cm，稍加压实。播量1~1.5kg/667m^2。

③育苗移栽。生产上常用育苗移栽，移栽时，可在秋季取直播苗贮藏到翌年春季移栽，或在田间越冬，翌年春季边挖边移栽。一般采用斜栽，行株距为（15~20）cm×(20~40) cm，沟深10~15cm，起苗时应深挖，尽量多带原土，严防损伤根皮或折断芪根，并将细小、自然分杈苗淘汰。将苗顺放于沟内，栽后覆土、浇水。待土壤墒情适宜时浅锄1次，以防板结，需苗量1.5万株/667m^2。

2. 田间管理

（1）间苗补苗。一般在苗高6~10cm，复叶出现后进行间苗，当苗高15~20cm时，条播按20~30cm株距进行定苗；穴播间苗时从中留优去劣，每穴留1~2株。如发现缺苗时可进行补栽。补苗最好选阴天进行，补苗后要及时浇水，以利幼苗成活。

（2）松土除草。黄芪幼苗生长缓慢，不注意除草易造成草荒。当苗高4~5cm时结合间苗进行松土除草。第二次在苗高8~9cm进行中耕除草，第三次于定苗后进行松土除草。翌年以后于4月、6月、9月各除草1次。

（3）水肥管理。一般不灌溉。但黄芪在出苗和返青期需水较多，有条件的地区可在播种后或返青前进行灌水，三年生以上黄芪抗旱性强，但不耐涝，所以雨季湿度过大，根向下生长缓慢，并易烂根，应及时疏通排水，以利根部正常生长。

定苗后要追施氮肥和磷肥，一般田块可结合中耕除草施硫铵 15~17kg/667m^{2}或尿素 10~12kg/667m^2、硫酸钾 7~8kg/667m^2、过磷酸钙 10kg/667m^2；或沟施厩肥 500~1 000kg/667m^2。

【采收加工】

1. 留种

选三年生以上（含三年生）生长健壮、无病虫害地块作黄芪种子田。种子田管理，在一般大田管理的基础上，注意保护花芽，并于花期追施过磷酸钙 5~10kg/667m^2、氮肥 7~10kg/667m^2，促进结实和种熟。结果种熟期间，如遇高温干旱，应及时灌水，降低种子硬实率，提高种子质量。

黄芪种子的采收宜在 8 月果荚下垂黄熟、种子变褐色时立即进行，否则果荚开裂，种子散失，难以采收。因种子成熟期不一致，应随熟随采。若小面积留种，最好分期分批采收，并将成熟果穗逐个剪下，舍弃果穗先端未成熟的果实，留用中下部成熟的果荚。若大面积留种，可待田里 70%~80%果实成熟时一次性采收。收后先将果枝倒挂阴干几天，使种子后熟，再晒干、脱粒、扬净、贮藏。

2. 采收

膜荚黄芪播种后 2~3 年采收，蒙古黄芪 3~4 年采收，质量最好。收获过早，黄芪质量差；年久不收，极易黑心或木质化。但一般都在 1~2 年采挖。黄芪春秋季均可采收。春季从解冻后到出苗前，秋季枯萎后采收。采收时可先割除地上部分。然后深挖 60~70cm，可从地一头挖起，挖出断面，进行翻倒，将根部挖出。由于黄芪根深，采收时注意防止挖断主根和损伤外皮，以免造成减产和商品质量下降。

3. 加工

挖出黄芪根部后，去掉附着的茎叶，抖落泥土，趁鲜切去根茎（芦头），剪光须根，即行晾晒，待晒至六七成干时，将根理直，扎成小把，再晒或烘至全干。晾晒时避免强光暴晒而发红，晒时放在通风的地方，其上可平铺一层白纸，晒至全干。一般收干货 150~250kg/667m²。

4. 贮藏

黄芪易遭虫蛀，易霉变，要贮藏于干燥通风处，温度在 30℃以下，相对湿度为 60%~70%，商品安全水分为 10%~13%。

第六节　地　黄

【别名】生地、怀庆地黄、小鸡喝酒，如图 4-6 所示。

图 4-6　地黄

【种植技术】

1. 播种

（1）选地整地。选土层深厚、肥沃、排水良好的沙壤土。在上一年冬季或早春深翻土壤 25cm 以上，每 667m² 同时施入腐熟的堆肥 2 000~3 000kg、过磷酸钙 25kg 作基肥。然后，整平耙细作畦，一般畦宽 1.3m。特别注意的是地黄不宜重茬，这也是选地方面应注意的关键措施。

（2）繁殖方法。地黄栽培上用块根繁殖和种子繁殖。种子繁殖常用于良种培育，品种复壮，大田栽培极少采用。栽培上以块根繁殖为主，所用的种栽可以从大田采收留种，但是品种极易退化，故必须专门培育种栽，产区称为“倒栽”。

①种子繁殖。多用于育苗移栽。秋季施基肥于苗床中，翌年早春整地作畦，3 月至 4 月上旬播种。播种前先浇水，待水渗下，横畦按行距 10cm 开播种沟，将种子播于沟中，覆土盖住种子。气温在时，10d 左右发芽出苗。出苗期注意保持床土湿润和透光。近年覆膜技术用于地黄栽培。

②倒栽培育种栽。7 月中下旬，在春种地中选择生长良好的田块和品种，刨出部分地黄。在栽种前，将块根去头斩尾，取其中间段，然后截成 4～5cm 长的小段，按种植密度行距 10～30cm、株距 5～10cm 种于另一块田中。倒栽地黄生长期短，基肥需施足够，每 667m^2施饼肥 100kg、厩肥 5 000kg，防止积水，每 667m^2栽种 20 000～25 000株。期间多雨，一般不必浇水。出苗后按大田栽培管理即可。倒栽培育的种栽出苗整齐，产量高。

③大田栽培。用块根繁殖。大田栽种所需的种栽除来源于种子繁殖和倒栽培育外，还可以大田栽培。选取新鲜、无病虫害、径粗 1. 5～3cm 的块根中段及中部以下膨大部分截成 5～6cm 小段作种。先在畦或垄上开沟，沟距 33～45cm、深 7cm 左右，每隔 15～20cm 放种栽，压实表土浇水。每垄种 2 行，每畦栽种 3～4 行。

河南产区早地黄在 4 月上中旬栽种，晚地黄在 5 月下旬至 6 月上旬、大麦收获后栽种。早地黄不易栽种过早，容易受低温冻伤影响，造成缺苗。

2. 田间管理

（1）幼苗期管理。

①中耕除草。4 月末至 5 月初，苗期管理上主要以中耕除草为主，为了保证苗齐苗全，必须及时将田间的杂草除去，以防杂草争光

争肥，影响地黄的正常生长，同时垄两侧要进行松土，松土深度要合理。幼苗期，苗小根浅，注意不要松动根茎处，防止损伤根茎。

②间苗定苗。在苗高 3～4cm 时，幼苗长出 2～3 片叶子，这时，要及时间苗。间苗时要留优去劣，每穴留 1～2 株幼苗。如发现缺苗时可进行补苗，补苗最好选择阴雨天进行。移苗时要尽量多带些原土，补苗后要及时浇水，这样有利于幼苗成活。

③施肥浇灌。地黄是密植作物，所以施肥一定要跟上，才能满足植株的营养需要。不但要施足基肥，还要适当追肥，幼苗出齐后，将复合肥开沟施在植株旁（或在间苗后每 667m^2施入过磷酸钙 100kg、腐熟饼肥 30kg，以促进根茎发育膨大，封行时，在行间撒施 1 次草木灰），保证地黄在生长时所需的养分，加强根部的药性。追肥后，要及时浇水，满足地黄生长对水分的需要，使植株能够充分吸收养分。

（2）生长期管理。

①中耕除草。6 月上旬地黄进入生长期，在生长期中根系发育迅速，加强中耕，是促进根系深扎、控制植株徒长、获取较高产量和质量的有效措施。中耕要做到雨后或浇水后必锄，保持土壤疏松，防止土地板结。有草必锄，防止杂草丛生。一般生长期要求中耕 4～5 次，中耕的深度要逐渐加深，但一定注意不能一次耕得过深。

②摘蕾。为了减少开花结果消耗养分，促进根茎生长，当地黄抽蕾时，应结合除草将花蕾摘除，并去除分枝。提倡一株一苗，将多余的芽尖摘掉，以免消耗养分，也不致于使植株过分拥挤，保留一定的生长空间，才有利于植株的健康生长。

③施肥浇灌。地黄在生长期，追肥应该尽早进行，生长前期为促使植株健壮，应以追施氮肥为主；生长后期为促进根茎生长，提高药性，应以增施磷、钾肥为主，这样可以促使叶片迅速生长，有利于植物进行光合作用，尽早使有机物输送到根部。植株长出 10 片叶子、高为 6～10cm 时，每 667m^2 追施豆饼 75～100kg 或硫酸铵 10～15kg，在植株旁沿撒施。注意：肥料不可黏

附在叶片上，以免烧苗，伤害植株。每次施肥后要及时浇水，以利于养分的充分吸收。

【采收加工】春栽地黄于当年 11 月前后地上茎叶枯黄时应及时采挖。采挖时应在畦的一端开 35cm 的深沟，顺次小心摘取根茎；加工地黄利用专门的烤炉将其加工为熟地黄，即成商品。

1. 采收

地黄叶子、花、根茎都可以入药。地黄叶在地黄生长后期，选择健壮、无病害的植株，适当摘取部分叶片，阴凉处晾干即可。地黄叶主治恶疮及手足癣，花有消渴和治疗肾虚、腰痛的功效。所以采收时应在适当的时期进行。

地黄花的采收应在花期，选择晴天，结合摘蕾作业将花及花蕾采回，在阴凉处晾干即可。

地黄根茎的采收最佳收获期是 10 月末至 11 月初，地黄地上部逐渐枯黄停止生长后，就可以采收。方法：用铁锹或镰刀割去地上部的茎叶，注意不要割得过深，以免损伤根部，等地上部分割去后，用锹或镐在畦的一端开挖，沟深为 35cm 左右，挖的深度以不损伤根茎为好，地黄易断，所以挖掘时一定要小心，拣拾的过程也要尽量减少根茎损伤。每 667m^2 可收鲜地黄 1 000~1 500kg，高产的每 667m^2 可达 2 000~3 000kg。

2. 加工

地黄根茎放置在阳光下晾晒。晒上一段时间，等地黄晒至七八成干后，再堆成堆闷几天，进行回潮，使其干燥程度均匀。然后再晒，一直晒到质地柔软、干燥为止。由于秋冬季阳光弱，干燥慢，而且费时、费工，产品油性小。

将生地黄去净泥土，用水洗净，将洗好的地黄放入盆中，用黄酒浸泡，浸泡半小时，将浸好的地黄放入蒸锅内，盖上锅盖密封蒸制，注意火候要均匀，中途灭火或温度过低，生地黄内部汁液会流出，影响质量和药性。一直蒸到生地黄内外黑润、无生心、有特殊的焦香气时停止加热，取出，置于竹席或帘子上晒干，即为熟地黄。

第五章　根茎类中药材

第一节　泽　泻

【别名】水泽、如意花、天鹅蛋等，如图 5-1 所示。

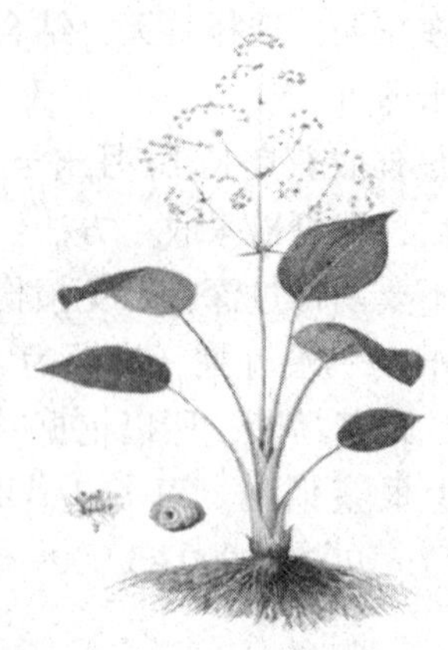

图 5-1　泽泻

【药用部位】以干燥块茎入药。

【种植技术】泽泻为水生植物，整个生长发育期需淹水条件。但其需水量随生长发育时期而有所增减，在苗期至老熟前可深层灌水，植株趋向老熟而逐渐浅灌。喜温暖，宜凉爽气候，不耐寒。幼苗期喜荫蔽，成株期要求阳光充足。喜在肥沃、保水性稍强的黏性黑泥田中生长。多在水源充足的河滩、烂土塘、水沟等地野生。

1. 播种

（1）选地整地。育苗地直选阳光充足、土层深厚、肥沃略带黏性、排灌方便的田块。

①苗床整地。一般 6 月进行。整地时灌满田水，犁耙 1 次，每 667m^{2}施腐熟厩肥 3 000kg 左右，以后再进行 1～2 次犁耙，使土壤充分溶烂，待浮泥下沉，将水排出，按宽 1.2cm、高 10～15cm 起平畦或略呈龟背形，以待播种。经过整理的秧田，底板硬，播种面软，对泽泻播种较适宜。

②大田整地。泽泻大田宜选择 400m 以下的水田为宜。泽泻大田其前作为水稻，可以不翻耕，水稻收割后立即灌水进行栽种，将稻秆铺设在稻茬两侧，自然腐烂以作肥用。

（2）育苗。

①播种。泽泻宜在 7 月中旬（小暑至大暑间）播种。每 667m^{2}苗床用种量 1.5kg 左右。播前将选好的种子用纱布包好，用 30℃温水浸种 12h，捞出并滴干水，然后按 1 份种子用 10 份草木灰的比例拌均匀，并在整好的苗床上均匀撒播，然后用竹扫帚轻轻拍打，使种子与泥土贴上。播种后，立即插蕨草或搭遮阳棚，棚高 45～50cm，荫蔽度 50%～60%，约 3d 后幼芽出土。

②苗期管理。苗期需常滋润畦面，可采用晚灌早排法，水以淹没畦面为宜，苗高 2cm 左右时，浸 1～2h 后即要排水，随着秧苗的生长，水深可逐渐增加，但不得淹没苗尖。当苗高 3～4cm 时，即可进行间苗，拔除稠密的弱苗，保持株距 2～3cm，并将荫蔽物撤除。结合间苗进行除草施肥 2 次，第一次每 667m^{2}施入充分腐熟有机水肥 1 000kg，第二次在第一次施肥后 10d 进行，每 667m^{2}施入充分腐熟有机水肥 1 500kg。施肥前先排干水，待肥液渗入土后，再灌回浅水。约经过 40d 的育苗后便可移植。

（3）移栽。苗龄在 35～50d，苗高 10～13cm，有 5～8 片真叶的矮、壮秧苗即可拔起移栽。移栽宜选阴天或下午天气阴凉时进行，秧苗移栽应栽正栽稳，以浅栽为宜。栽太深，发叶慢，球茎不成球形而长不大；栽过浅易被风吹水浮，缺窝，减少产量。移栽的行株距，视各地的气候及土壤肥力而定，一般为 30cm×30cm 或 26cm×33cm，每窝 1 苗，并可在田边地角密植几行预备苗，以作日后补苗用，泽泻每 $667m^2$ 移栽 8 000~10 000株。

2. 田间管理

（1）补苗。泽泻秧苗栽后极少死亡，但有些会被风吹水浮，应立即重栽或补苗。在第一、第二次中耕除草时也应当注意补苗。

（2）中耕除草。一般与追肥结合进行 3~4 次。苗转青后，进行第一次除草，并将行间铺设的稻秆翻转，以促其快速腐烂。每次追肥前先排浅田水，拔除杂草，然后施肥，晒田 1~2d，再灌水加深。

（3）追肥。追肥宜早进行，栽后 2 个月内，每隔 15~20d 施肥 1 次，施 3~4 次为宜。施以速效肥料。人畜粪尿 750~1 500kg/$667m^2$，第一次宜少，第二、第三、第四次逐步增加。第一、第二次还可配合施些尿素、混合肥，用量 5~10kg/$667m^2$；第三、第四次可掺和腐熟油饼粉，用量 20~25kg/$667m^2$，促进球茎膨大。最后一次追肥应在霜降前。

（4）排灌。移栽后，田间要保持浅水灌溉，前期田水一般保持水深 3cm 左右，后期限制在 3~5cm 为宜。采收前的 1 个月内，可视泽泻生长发育情况逐步进行排水至完全干、晒田，以利球茎生长和采收。

（5）摘芽去薹。植株出现抽薹现蕾，并萌发许多侧芽，为减少无益的营养消耗，保证药材质量和产量，结合中耕及时摘除花薹和侧芽。必须从茎部折断，不留茎桩，以免侧芽再继续产生。

【采收加工】

1. 采收

移植后 120~140d 即可收获。秋种泽泻在 12 月叶片枯萎后采收，冬种泽泻则在翌年 2 月，新叶未长出前采收。采收时用镰刀划开块茎周围的泥土，用手拔出块茎，去除泥土及周围叶片，但注意保留中心小叶。需要留种的，将块茎移栽于肥沃的留种田内，翌年春季出苗后，摘除侧芽，留主芽待抽薹开花结果，6 月下旬果实成熟，即可脱粒阴干。当年即可播种。

2. 加工

可先晒 1～2d，然后用火烘焙。烘干火力不可过大，否则块茎容易变黄，每天翻动 1 次，大约三昼夜即可炕干。第一天火力要大，第二天火力可稍小，每隔 1d 翻动 1 次，第三天取出放在撞笼内撞去须根及表皮，然后用炭火焙，炼后再撞，直到须根、表皮去净及相撞时发出清脆声即可，折干率 4∶1。

第二节　川　芎

【别名】芎劳、香果、胡劳、抚芎等，如图 5-2 所示。

图 5-2　川芎

【药用部位】以干燥根茎入药。

【种植技术】在生产上川芎采用营养繁殖，常用抚芎先在山区异地繁殖（保持川芎种性），然后用苓种在坝区栽种。因此，川芎栽种分苓种繁育和大田栽培两个阶段。

1. 苓种繁育技术

川芎喜土层深厚、疏松肥沃、排水良好、富含有机质的沙壤土，中性或微酸性为好。土质黏重，排水不良及低洼地不宜种植。健壮苓种的标准是苓种茎秆粗壮，茎节（节盘）粗大，直径1.5cm左右，节间短，间距6~8cm，每根茎秆有10个左右节盘。一般抚芎与苓种的产出比为1∶（4~6），$667m^2$产苓种750~1 000kg。

（1）苓种地选择和整地。苓种繁育应选择海拔800~1 500m的中低山凉湿区，以黏土为宜，要求选地势向阳、土质肥沃、管理方便的耕地作苗床地。平地栽种，宜选早稻田，早稻前茬最好是压过绿肥的茬口。栽种前采用人工除去田间杂草，翻耕25cm，精细整地，按1.5m开厢，沟宽30cm，沟深20cm。

（2）抚芎的选择及起种时间。抚芎要选生长健壮、根茎大、无病虫害的作种，于12月末至翌年1月上旬在平坝川芎大田挖取专供繁育苓种用的川芎根茎（抚芎），运往山区栽种。

（3）抚芎（奶芎）的处理及栽种。苓种繁育一般在“小寒”至“大寒”（1月中旬）栽种。播种前必须进行选种，去除带病抚芎。选种后进行浸种消毒，可选用50%甲基托布津可湿性粉剂或50%多菌灵可湿性粉剂600倍液浸泡10~20min消毒杀菌，晾干即可栽种。采取宽窄行或等行距栽种，宽窄行以宽行30~33cm、窄行25cm为宜，等行规格为27~30cm。每窝栽抚芎1个，$667m^2$栽7 000~7 500窝，需要抚芎180~250kg。栽种时将抚芎芽口向上按紧栽稳，并盖好土。

（4）苓种管理。

①施肥。栽后每$667m^2$用腐熟粪水1 250kg兑水灌窝后，再每$667m^2$用过磷酸钙30~40kg加粪渣200kg混匀丢窝盖种。3月末至4月初定苗后，每$667m^2$用尿素15~20kg加人畜粪尿1 000kg兑水灌窝，再按$667m^2$用腐熟油枯50~70kg加堆肥150kg混匀丢窝，然后中耕培土。以后看苗追肥，5月封行后每$667m^2$用尿素

1kg 加磷酸二氢钾 200g 兑水 100kg 均匀喷雾进行根外追肥 1~2 次。

②除草。定苗后和 4 月下旬，各浅中耕 1 次，疏通土壤，防除杂草，对田间杂草较多的采取人工拔除。

③定苗。当苓种长到 15~20cm 时要及时定苗，每窝留 8~10 苗，注意留壮去弱，留健去病。

④补水。苓种在雨水多、湿度大的条件下生长健壮，产量高。因此，在 2—5 月苓种生长阶段如遇高温干旱要及时补充土壤水分，以确保苓种健壮生长。

⑤插枝扶秆。苗高 40cm 后，要插枝扶秆，防止苓种倒伏匍匐生长。

（5）苓种收获和贮藏。在 7 月末至 8 月上中旬，当苓种节盘膨大略带紫色时收获。选晴天把全株拔起，割下根茎（可供药用），除去病株，去掉叶子，捆成小捆，放在阴凉处贮藏，待运下山作繁殖用。贮藏时先在地上铺一层草，把苓种一层层交错摆好，上面用草盖好，注意每周上下翻动 1~2 次，保温和防止腐烂。

2. 大田栽培技术

（1）选地。应避免连作，以选择两年以上未种过川芎且地势向阳、土层深厚肥沃、排灌方便、中性或微酸性土壤，前作以早熟水稻田为宜。

（2）栽插方式。

①直接栽种。以立秋前后收获的前作田来种植川芎。

②育苗移栽或穿株栽种。采用早中稻田块或不能在立秋至处暑前栽插川芎的，此为不影响川芎的栽插季节，又可获得高产的栽种方式。育苗移栽苗床做法：选用土壤比较疏松且利于排灌、向阳的耕地作苗床，每分苗床地用 1. 5~2. 5kg 硫酸钾复合肥和 50~150kg 腐熟农家肥及 0. 5kg 辛硫磷颗粒剂（地虫清）均匀地撒施于苗床地上，再进行翻地将肥药混入土中，保持土壤湿润，闷 1~2d 即可栽苓子，让其生根发芽，待前作收获后，及时移栽

于大田。穿株栽种，即在早中稻大半吊黄时及时排干田间渍水，清理好厢沟，水稻收获前10d左右按照一定规格将苓子栽插在水稻田中。水稻收获后应及时追肥除草加强田间管理。

③稻田栽种。利用水稻田块进行免耕栽插的，应在水稻收获期前，及时排干田间积水，以保证川芎栽插质量。

（3）适时栽插。田选好后，即可开沟作厢，一般以厢宽2m左右、沟宽30cm、沟深20cm为宜。凡采用直栽方式的应在“立秋”至“处暑”期间栽插为宜，栽插时应选晴天，以行距33～40cm、窝距20cm为宜，苓子应斜放沟内，轻轻按入土中，节间盘上的芽嘴向上或向侧，入土不宜过浅或过深。每667m^2用种量40～50kg，保证每667m^2达8 000～10 000苗。栽种后每667m^2用细渣肥混合草木灰（300～350kg）盖住苓子的节盘，然后在厢面再盖一层稻草，达到保湿、减轻杂草为害、防止暴雨将土壤淋板结的目的，并应留足预备苗。

（4）田间管理。

①查苗、补苗。在栽后10d左右及时揭草，并将稻草摆放在川芎行内，及时查苗补苗，保证苗全苗齐。

②及时施肥。一般在栽后15d左右施第一次追肥，每667m^2用10kg碳酸铵加磷酸铵5kg和500～750kg猪粪水兑水追施提苗肥。第二次追肥在栽后1个月左右进行，每667m^2用5kg磷酸铵加10kg硫酸钾复合肥和500～750kg粪水兑水施用。第三次追肥在10月下旬霜降前进行，每667m^2用尿素10kg加磷酸铵10kg、45%硫酸钾复合肥15kg和硫酸钾10kg进行追施。在立春后根据川芎长势情况，可酌情追施1次以农家肥为主的早春肥。

③中耕除草。在施用第二次追肥前进行中耕除草，有利于保持土壤的通透性和减轻杂草对川芎的为害。对田间杂草过多的可采用化学除草的方法进行除草。

【采收加工】

1. 采收

一般在栽后翌年5月下旬（小满后）地下根茎完全充实时及

时收获，不宜过早或过迟收获。过早，根茎营养积累不充分；过迟，根茎易腐烂，影响产量和品质。采收时选择晴天，用锄头或专用钉耙将川芎连根挖起，去除茎叶和泥土，注意保持根茎的完整，避免损伤，影响川芎品质。

2. 加工

川芎收获后，选晴天及时晒干或炕干，忌暴晒和烈火烘炕。烘炕时，火力不宜过大，以免表面烧焦，每天翻炕 1~2 次，2~3d 即可炕干。川芎晒（炕）到用刀宰不软为标准，一般晒（炕）干率为 30%~35%。

第三节　黄　连

【别名】云连、雅连、川连、味连、鸡爪连，如图 5-3 所示。

图 5-3　黄连

【药用部位】以干燥根茎入药。

【种植技术】

1. 播种

(1) 选地整地。

①选地。黄连性喜冷凉湿润，忌高温干燥，故宜选择早晚有斜射光照的半阴半阳的早晚阳山种植，尤以早阳山为佳。黄连对土壤的要求比较严格，由于栽培年限长，密度大，须根发达，且多分布于表层，故应选用土层深厚、肥沃疏松、排水良好、表层腐殖质含量丰富、下层保水和保肥力较强的土壤。植被以杂木、油竹混交林为好，不宜选土壤瘠薄的松、杉、青冈林。pH 值在5.5~6.5，呈微酸性。最好选缓坡地，以利排水，但坡度不宜超过30°。坡度过大，冲刷严重，水土流失，黄连存苗率低，生长差，产量低。搭棚栽种黄连还需要考虑附近有无可供采伐的木材，以免增加运料困难。

②整地。先把地表的残渣及石头等杂物清除出棚外，堆成堆，熏烧成黑土，再翻挖2次，整细耙平。然后顺着坡向整成宽130~150cm、高10cm的高畦（厢），沟宽16~26cm，畦面呈瓦背形，并在棚的周围开好排水沟。

畦整好后，每667m^2施腐熟牛马粪4 000~5 000kg；捣碎均匀铺于畦面，然后浅挖，与表土拌匀，再覆盖6cm左右的熏土。

③遮阴。过去一直采取搭架。遮阴严重破坏森林，现在利用林下栽种和玉米套作或搭简易棚，通光度保持在40%左右即可，排水良好，土壤湿度50%~60%，怕积水和直光，选择半阴半阳，15°~25°坡地为好。多采用架子棚和简易棚。架子棚是采用砍去竹丛和树木，均作遮阴材料，长216cm，桩距200~230cm，行距160cm，柱埋深30~50cm，桩高都是160cm，再搁上檩子及横杆，上面盖遮阴物，荫蔽度要均匀、为60%~70%。简易棚用3~5cm粗的木叉作极，棚高80~100cm，边栽边搭，栽完一畦，搭一棚。

(2) 繁殖方法。有种子育苗繁殖和扦插繁殖两种方法。

①种子繁殖法。

采种。立夏前后，采移栽 3 年以上健壮植株所结的种子，当种子呈黄绿色即应采收，晴天摘回果枝堆放室内 1~2d，即可脱粒，忌日晒，保持湿润，低温处理，完成种胚后熟。生产中采用温床或腐殖质混合均匀，埋于窖中厚 3cm，上面再覆盖沙或腐殖质土 3~6cm 厚，再盖树枝保湿，经常检查。

育苗。精细育苗。选半阴半阳湿润肥沃的杂木林或二荒地，清除杂草，不需要的条木烧炭作肥，搭 80cm 左右荫棚及栏边并深翻土地 23cm 左右，作 130cm 宽的高畦，畦沟宽 30cm，畦面平整，呈弓背形，无碎石、树根，土细，每 667m^2 施腐熟牛马粪 1 000~1 500kg，畦面盖 1. 5cm 厚的熏土。11 月左右取贮藏的种子、拌好 20~30 倍腐殖质土，均匀撒在畦面（每 667m^2 用种 2. 5kg 左右），再撒牛粪粉或草木灰 0. 6cm 厚。翌年春苗长出 3 片叶时结合除草追施清粪水或尿素，施化肥应分多次少量，硫酸铵每 667m^2 施 5~7. 5kg，最好是在晴天叶上无露水时撒施，再用小竹枝轻轻扫一下，使药掉落，防止烧苗。6 月施腐殖质土培土保苗，11 月每 667m^2 牛马粪拌草木灰 750kg，以利于幼苗越冬。林间青苗。选荫蔽度在 80% 以上，树木高度在 300cm 以下的树林。地整好后每 667m^2 播种 5kg 左右的种子，播法基本同精细育苗，于 2 月中下旬出苗前，清扫 1 次落叶，出苗后至移栽前应进行 2~3 次拔草施肥，此法节省劳动力。

移栽。出苗翌年春季移栽，按行株距 10cm×10cm、深 3~5cm 移栽。此外还可采用林间栽黄连，使荫蔽度在 70% 左右作自然天棚，方法同上。也可与高秆作物早熟的玉米间作，先播玉米，按株距 30cm 开穴，插入畦的两旁，每穴 3~4 粒种子，定苗留 1 株苗，7 月玉米封垄，在畦中，玉米行间按行株距 10cm×10cm 栽黄连苗，玉米收后，在畦两旁搭 100cm 高的架子，把 5m 长的杆均匀放在架上遮阴。每年重新播种玉米，翌年株距 40cm，第三年株距 50cm，第四年株距 60cm，第五年株距 60~100cm。

②扦插繁殖。在种子或幼苗缺少的地区可采用此法。即在黄连栽培5年后，提早于8—9月收获，收获后将黄连植株自根茎顶端以下0.1~0.13cm处连茎叶摘下（剪），作插条用，随剪随栽。栽时应将叶柄全部埋入土中，只留叶片在外，并压紧即可。此方法的整地、作畦、施肥等与上相同，亦要5年才能收获。

2. 田间管理

黄连高产优质的关键在于田间管理，应注意追肥除草；栽后3~5d，有缺苗立刻补之，并要施肥、清粪水或猪粪水助苗成长。发根后1个月施硫酸铵7.5~10kg，10—11月每667m^{2}施腐熟牛马粪2 000~2 500kg，前期以氮肥为主，后期再撒一层薄熏土，以后每年春秋各施肥培土1次。春季每667m^{2}施硫酸铵7.5~10kg或人畜粪尿或腐殖质土1 000~1 500kg；冬季每667m^{2}施2 500~4 000kg腐熟牛马粪或饼肥过磷酸钙、石灰等。冬肥施后都要培熏土，3~4年后少施氮肥或不施氮肥。以磷、钾肥为主，注意收获前不能追肥。黄连从小苗至收获除草很重要，见草就除，小苗期用手拔，做到除早、除小、除净，除草同时注意培土，先薄后厚逐年增加，翌年1.5cm厚，第三、第四年1.5~3cm厚。

在管理中应注意调整荫蔽度，3年内遮阴要经常检查，有缺遮阴者赶快遮上，遮阴逐年减少。如果是架子棚，在收获当年于种子收后，揭去遮阴材料，让黄连在日光下生长，使养分向根茎转化，使根充实；如作扦插繁殖材料的黄连，至采收时才能撤棚；若林间栽黄连，栽后第三年开始砍修树枝，荫蔽度为50%，第四年荫蔽度为30%，第五年荫蔽度为20%。

【采收加工】黄连栽后5~6年的10—11月收获。用黄连抓子连根抓起，抖掉泥土，剪去须根和叶，取根茎在黄连炕上烘炕干燥，烘炕时用操板翻动，并打掉已干燥的泥土。五六成干时出炕，根据根茎大小，分为3~4个等级，勤翻动，待根茎断面呈干草色时即可出炕，装入槽笼，撞掉泥土和须根即成。每667m^{2}可产干黄连100~150kg。

第四节　天　麻

【别名】赤箭、明天麻、定风草、白龙皮等，如图 5-4 所示。

图 5-4　天麻

【药用部位】以干燥块茎入药。

【种植技术】

1. 选地与整地

宜选富含有机质、土层深厚、疏松的沙质壤土。含有丰富的腐殖质、疏松、排水良好、常年保持湿润的生荒地为最好。土壤 pH 值以 5. 5~6. 0 为宜。忌黏土和涝洼积水地，忌重茬。整地时，砍掉地上过密的杂林、竹林，清除杂草石块，便可直接挖穴或开沟栽种。

2. 菌材的培养

天麻的繁殖方法有两种，即块茎繁殖和种子繁殖。无论种子繁殖还是块茎繁殖均需制备或培养菌种，然后用菌种培养菌材(即长有密环菌的木材)，再用菌材栽培天麻。目前生产上也利用专业培育的菌材伴栽天麻。这是因为这种菌材由于木质营养丰富，密环菌生长势旺，天麻接菌率高，天麻产量高、质量好；若用已腐的旧菌材直接伴栽天麻，则会因为木料缺乏营养，密环菌长势弱而影响天麻产量与质量。

（1）菌种的准备。用于直接培养菌材的密环菌菌种主要有采集的天然野生菌种、室内培养的纯菌种、室外培养的新菌种、已伴栽过天麻的有效旧菌材。目前生产上一般采用室外培养密环菌枝，再用菌枝培养菌材。

（2）菌材培养时期。冬栽天麻一般在6—8月培养菌材；春栽天麻一般在9—10月培养菌材。菌材培养时间要适宜，培养过早，菌材易消耗腐烂，菌种老化；培养过迟，气温低，密环菌生长慢，菌材当年不能使用。

（3）菌材树种选择与处理。密环菌与壳斗科树种有良好的亲和力，同时，壳斗科树种材质坚硬，耐腐性强，树皮肥厚不易脱落，是首选树种。其次，山茱萸科的灯台树、蔷薇科的野樱桃、桦木科的树种，易染菌且生长快，培养时间短，也是培养密环菌材的好树种。树种选择要根据当地树木资源选用适宜密环菌生长的树种。选直径6~8cm的树木，锯成长60~80cm的木段，在木段上用刀每隔6cm斜砍一刀呈鱼鳞口，深度至木质部为度，根据木材粗细砍2~3行，目的是让密环菌从伤口侵入。由于密环菌在生长过程中需要较多的水分，木材失水会影响菌丝体生长，故木材宜随用随砍，采用新鲜木段，同时也可延长菌材的使用时间，减少杂菌感染。在缺少木材的地区，亦可用稻草、茅草、玉米须等代替，将其扎成小把，拌上菌种直接伴栽天麻。

（4）培养场地选择。应选择在天麻种植场地附近，减少菌材搬运；坡度应小于20°的向阳山地，土壤以土层深厚、疏松透气、排水良好的沙壤土为宜，要有灌溉水源。

（5）培养料的准备。培养料是指培养菌种、菌材或栽天麻时，用于填充木材间空隙、增加密环菌营养的物质。各地多用半腐熟落叶或锯木屑加沙（3∶1）制作成培养料。

（6）菌材培养方法。培养方法有多种，多以窖培法为主。挖窖长 2m，宽 1m，深 30～50cm。将窖底挖松整平，铺一层 1cm 厚的树叶，平放一层树木段（干木段应提前一天用水浸泡 24h），在树木段之间放入菌枝 4～5 根，洒一些清水，浇湿树木段和树叶，然后用沙土或腐殖土填满树木段间空隙，并略高于树木段为宜。再放入第二层树木段，树木段间放入菌枝后，如上法盖一层土。如此依次放置多层，盖土厚 10cm，略高于地面，最后覆盖树叶保温保湿。

（7）菌材培养的管理。菌材培养的好坏，对天麻质量、产量影响很大，必须加强管理，以保证生产出高产、优质的天麻。

①调节湿度。主要是保持菌材窖内填充物及树木段内适宜的含水量，即 30%～40%。应注意勤检查，根据培养窖内湿度变化进行浇水和排水。

②调节温度。密环菌在 6～28℃ 可以生长，超过 30℃ 生长受抑制，同时杂菌易繁殖；18～20℃ 条件适宜密环菌生长。在春秋低温季节，可覆盖塑料薄膜提高窖内温度。培养窖上盖枯枝落叶或草可以保温保湿。

3. 繁殖方法

主要用块茎繁殖，也可用种子繁殖。

（1）块茎繁殖。即利用天麻块茎作为播种材料繁殖子麻，既可用于生产商品麻，又可用于生产种麻。

①栽培时间。南方一般在 11 月采挖天麻时栽培，此时天麻进入休眠期；北方由于气候寒冷，一般在 3—4 月土壤解冻后栽种，冬栽易受冻害。栽前要培养好菌床。

②种麻的选择。生产商品麻宜选用 10～20g 的白麻作种，其繁殖力强。种麻要选无病虫害、无损伤、无密环菌侵染、颜色黄白、新鲜健壮的初生块茎。作种用的天麻块茎要随用随采，若不能及时栽种，可用湿沙层积法，置 1～3℃ 低温下，可安全贮藏 6 个月。

③栽植方法。目前天麻栽培主要采用活动菌材加新材法、固定菌材法和固定菌材加新材法 3 种。

活动菌材加新材法。在选好的地块，于栽前 2~3 个月挖深 25~30cm、宽比段木长约 6cm、长度据地形而定的窖，窖底松土整平，用腐殖质土垫入床底，然后铺 5~6cm 的培养料。用处理好的新材与带密环菌的菌材间隔摆 1 层，相邻两棒间的距离为 3~5cm，中间用腐殖质土或培养料填实空隙，以防杂菌污染。当埋没菌材一半时，整平后靠近菌材每隔 12~15cm 放种麻一块，然后在两菌材间加放新段木一根，再覆盖腐殖土或培养料盖过菌材 3~4cm，使土与新段木平；同法摆第二层。上下层菌材要相互错开，最后覆土 6~10cm，保持窖内湿润，上盖杂草遮阴降温、保湿。

固定菌材法。将固定菌材窖中的泥土细心挖取，掀起或取出上层菌材，并取出下层菌材之间的部分培养料，把种麻栽在下层菌材之间菌索较多的地方。然后将上层菌材放回原处，再在上层菌材间放置种麻，然后覆土，上盖一层树叶杂草，保持土壤湿润。越冬期间加厚覆土层，以防冻害。此法由于下层菌材未动，菌索生长未受破坏，密环菌能很快长在种麻上，提高天麻接种率，促进天麻早生长，增加产量，尤其在春夏季用此法栽天麻效果显著。

固定菌材加新材法。是对固定菌材培养法的改良，与固定菌材法基本相同。做法是将固定菌材窖中作菌种的旧段木菌材用新段木取代，并下种天麻。若全为新培养的菌材，可隔一取一或隔一留一，加入新段木。

（2）种子繁殖。天麻的种子繁殖是防止天麻退化、扩大种源和良种繁育的重要措施。

①建造温室或温棚。根据繁殖数量多少，建造简易塑料温棚或具有调控温湿度和光照装置的温室培养种子。

②作畦。在棚内或温室内作畦，畦长 3~4m、宽 1m、深 15cm，用腐殖质土作培养土，用于种植种麻和播种。

③选种。选择个体健壮、无病虫害、无损伤、重量100~150g的箭麻作制种母麻。

④种麻培育。箭麻从种植到开花、结果、种子成熟需两个月时间，故种麻应在播种期前两个月种植。在畦内种植种麻，株距15~20cm，深度15cm，顶芽应朝向畦外边。种麻种植后，棚内或温室内温度保持20~24℃，相对湿度在80%左右，光照70%，畦内水分含量45%~50%。现蕾初期，花序展开可见顶端花蕾时，摘去5~10个花蕾，减少养分消耗，有利壮果。

⑤人工授粉。天麻现花蕾后3~4d开花，清晨4—6时开花较多，上午次之，中午及下午开花较少。授粉时用左手无名指和小指固定花序，拇指和食指捏住花朵，右手拿小镊子或细竹签将唇瓣稍加压平，拨开蕊柱顶端的药帽，蘸取花粉块移于蕊柱基部的柱头上，并轻压使花粉紧密粘在柱头上，有利花粉萌发。每天授粉后挂标签记录花朵授粉的时间，以便掌握种子采收时间。

⑥种子采收。天麻授粉后，如气温25℃左右，一般20d果实成熟，果实开裂后采收的种子发芽率很低，应采嫩果及将要开裂果的种子播种，其发芽率较高。掰开果实，种子已散开，乳白色，为最适采收期。授粉后17~19d或用手捏果实有微软的感觉或观察果实6条纵缝线稍微突起，但未开裂，都为适宜采收期的特征。天麻种子寿命较短，应随采随播。

⑦菌床播种。播种时，将菌床上层菌材取出，扒出下层菌材上的土，将枯落潮湿的树叶撒在下层菌材上，稍压平，将种子均匀撒在树叶上，上盖一薄层潮湿落叶，再播第二层种子，覆土3cm，再盖一层潮湿树叶，放入土层菌材，最后覆土10~15cm。如每窖10根菌材可播蒴果8~10个，每个蒴果约有3万粒种子。种植得当，翌年秋季可收到一部分箭麻、白麻、子麻和大量的米麻，可作为块茎繁殖的种栽。

4. 田间管理

(1) 覆盖免耕。天麻栽种完毕，在畦上面用树叶和草覆盖，保温保湿，防冻和抑制杂草生长，防止土壤板结，有利土壤透气。

（2）水分调节天麻和密环菌的生长繁殖都需要较多水分、但各生长阶段有所不同，总体上是前多后少。早春天麻需水量较少，只要适量水分、土壤保持湿润状态即可；但进入 4 月初天麻块茎开始萌芽，需水量增加，干旱会影响幼芽萌发率和生长速度，同时也影响密环菌生长；以后天麻生长加快，对水的要求有所增加；7—8 月生长旺季，需水量最大，干旱会导致天麻减产；9 月下旬至 10 月初天麻生长定型，将进入休眠期，水分过大密环菌会为害天麻；11 月至翌年 3 月天麻处于休眠期，需水量很少。

天麻是否缺水可刨穴检查新生子麻幼芽颜色，变黄则表示处于干旱状态。在干旱季节，一般每隔 3~4d 浇 1 次水。土壤积水或湿度过大，会引起天麻块茎腐烂，应及时排水。尤其到了雨季，要注意及时开沟排水，必要时覆盖塑料膜防水。

（3）温度调节。6—8 月高温期，应搭棚或间作高秆作物遮阴；越冬前要加厚覆土，并加盖树叶防冻；春季温度回升后，应及时揭去覆盖物，减少盖土，以增加地温，促进天麻和密环菌的生长。

（4）除草松土。天麻一般可不进行除草，若作多年分批收获，在 5 月上中旬箭麻出苗前应铲除地面杂草，否则箭麻出土后不易除草。密环菌是好气性真菌，空气流通有利其生长，故在大雨或灌溉后应松动表土，以利空气通畅和保湿防旱。松土不宜过深，以免损伤新生幼麻和密环菌菌索。

（5）精心管理。天麻栽后要精心管理，严禁人畜踩踏，人畜践踏会使菌材松动，菌索断裂，破坏天麻与密环菌的结合，影响天麻生长，大大降低天麻产量。

【采收加工】

1. 采收

天麻的采收时间为立冬后至翌年清明前采挖。此时正值新生块茎生长停滞而进入休眠时期。采收时，先将表土撤去，待菌材取出后，再取出箭麻、白麻和天麻，轻拿轻放，以避免人为机械损伤。之后选取麻体完好健壮的箭麻作有性繁殖的种麻，中白麻、小白麻、米麻作无性繁殖的种麻，其余加工成产品。天麻每667m^{2}产鲜重为1 200kg左右。

2. 加工

（1）分等级。用于加工的天麻块茎，应按照体重进行分等级。单个重150g以上为一等，75～150g为二等，75g以下和挖破的大个者为三等。

（2）清洗。将分级的天麻分别用水冲洗干净，不可磨擦去泥，只能用手轻抹泥液。当天洗当天加工处理，来不及加工的先不要洗。

（3）削皮。用竹刀刮去外皮，削去受伤腐烂部分，然后用清水冲洗。刨皮加工好的天麻叫雪麻，现在人工栽培量大，除出口外其余都不刨皮。

（4）蒸煮。水开后，将天麻按不同等级分别蒸。单个重150g以上蒸20～30min，100～150kg蒸15～20min，100g以下蒸10～15min，等外的蒸5min左右，总之以蒸至透心、断面无白点为止。蒸后摊开晾干水汽，以防变色霉变。有的地方采用沸水煮，但易使有效成分丧失，故不可取。

（5）烘干。烘干不可火力过猛。炕上温度开始以50～60℃为宜，当烘至麻体变软时，大的取出用木板压扁，小的不压，然后再继续烘炕，此时温度可稍高，以70℃为宜，不可超过80℃。接近全干时应降低温度，否则易炕焦变质。

第五节　白　术

【别名】桴蓟、于术、冬白术、浙术、贡术、吴术、片术、苍术等，如图5-5所示。

图 5-5 白术

【药用部位】以干燥根茎入药。

【种植技术】

1. 播种

（1）整理苗床。白术在播种前一个月翻土，覆盖 30cm 厚的杂草，烧土消毒，防止病虫害发生，烧完后将草灰翻入土内。如不经烧土，可在上一年冬天进行翻土，使土壤经过冰冻充分风化。土地经过处理后，作宽 100～130cm、高约为 15cm 的畦，畦面呈弧形，中间高，四周低，每公顷施用人畜粪尿 7 500～11 250kg作为基肥。

（2）播种。3 月下旬至 4 月上旬，在干旱地区宜先在温水中浸泡种子 24h，捞起与沙土混合播入田间，如果有灌水条件，可不浸种。播法分撒播和条播两种。每 667m^2撒播 7.5～10kg 种子。每 667m^2条播 4～5kg，行距 16cm，播幅 6～10cm 开浅沟。深 3～5cm，沟底要平，使出苗一致。覆土 3cm，1hm^2 育苗田可供 150hm^2 地种栽，在出苗前土壤应保持足够温度，或上面盖蒿草或厩肥，避免土壤板结。后一种方法容易管理，比较常用。

（3）苗期管理。幼苗出土后，间去密生苗和病弱苗，及时锄草，苗高 3~6cm 时浅锄。苗高 5~6cm 时，可按株距 6~10cm 定苗，苗期追肥 1~2 次，每 667m^{2}人畜粪尿 150kg 加水 3 倍，以稀粪或尿为好。用量不宜过多，7 月下旬至 9 月下旬是根形成期，所以多追肥。

10 月下旬至 11 月上旬（霜降后立冬前）术苗叶色变黄时，开始挖取种栽，选择晴天去除茎叶和须根，在离顶端 1cm 处剪去枝叶，切勿伤主芽和根状茎表皮，阴干 2~3d 待表皮发白水分干后进行贮存。

（4）种栽贮存方法。选择干燥阴凉的地方，避免日光直晒，用砖砌成方框，先铺 3~5cm 厚的沙，再铺一层 9~12cm 厚的种栽，再放一层沙，堆至 30cm 高，堆放的中央插几束稻草以利通风。上面盖层沙或土，开始不宜太厚，防止发热烧烂。冬天严寒时，再盖层稻草，沙土要干湿适中，沙太干会吸收白术种栽水分，沙太湿会使白术种栽早期发芽。白术种栽贮存期间，每隔 15~30d 检查 1 次，发现病栽应及时排出，以免引起腐烂。如果种栽萌动，要进行翻动，以防芽的增长。

（5）选择白术种栽。收获后与下种前均可进行，一般是收获后一面整理白术种栽，一面按品质好坏分大中小，有病都除掉。选择标准：形状整齐、无病虫害、芽饱满、根茎上部细长、下部圆形，而且大如青蛙形，且密生柔软细根，主根细短或没有主根，以在高山生地种的品质为优良。凡白术种栽畸形，顶部为木质化的茎，细根粗硬稀少，主根粗长和在低山熟地种的，则品质低劣，种植后生长不良，容易感染病害，不宜选择。

（6）整地下种。12 月下旬至翌年 3 月下旬（冬至至翌年春分）均可下种。一般可根据土壤、气候条件而提早或推迟。早下种的多先长根，后发芽，根系长得深，发育健壮，抗旱及吸肥力均强。土层浅薄的地区保温差，可推迟在 2—3 月下种。下种深度宜为 5~6cm，浅播易滋生侧芽，白术形不美，寒冷地方易受冻害，深植过度，则抽芽困难，白术形细长，降低品质。

栽种方法可分为条栽、穴栽两种。前者畦宽200cm，后者畦宽130cm，行株距26cm×13cm、20cm×13cm等，下种密度每667m^2栽10 000~12 000株。

2. 田间管理

（1）中耕除草。浅松土，原则上做到田间无杂草，苗未出土前浅松土，苗高3~6cm时除草，土壤不板结，雨后露水未干时不能除草，否则容易感染铁叶病。7月下旬至9月下旬正是长根的时候，每月拔草1~2次。

（2）追肥。施足基肥，以腐熟厩肥或堆肥等为主。基肥每667m^2用人畜粪尿750kg、过磷酸钙25~35kg。5月上旬，苗基本出齐，施稀薄人畜粪尿1次，每667m^2施500kg。结果期前后是白术整个生育期吸肥力最强、生长发育最快、地下根状茎膨大最迅速的时候，一般在盛花期每667m^2施人畜粪尿1 000kg、过磷酸钙30kg，在株距间开小穴施后覆土，在早晨露水干后进行。

（3）灌溉排水。忌高温多湿，必须注意做好排水工作。如排水不畅，将有碍术株生长，易得病害。田间积水易死苗，要注意挖沟、理沟，雨后及时排水。8月下旬根状茎膨大明显，需要一定水分，如久旱需要适当浇水，保持田间湿润，否则影响产量。

（4）选留良种。在白术摘除花蕾前，选择术株高大、上部分枝较多、健壮整齐、无病虫害的术株留种用，每株花蕾早而大的花蕾作种，剪去结蕾迟而小的花蕾，促使种子饱满。立冬后，待术株下部叶枯老时，连茎割回，挂于阳光充足的地方，10~15d后脱粒，去掉有病虫害、瘦弱的种子，装在布袋或纸袋内贮存于阴凉通风处。如果留种数较多，不便将茎秆割回，可只将果实摘回放于阴凉通风处，干后将种子打出贮存，备播种用。

【采收加工】

1. 采收

一般在10月下旬或11月中旬白术株茎叶转枯褐色时即可收获。收获时选晴天将植株挖取，敲去泥土，剪去茎秆，留下根茎加工。

2. 加工

加工烘干时，火力不宜过猛，温度以不烫手为宜，经火烘4h后，上下翻动一遍，使之受热均匀，同时细根自然脱落，再烘至八成干时，取出堆积5h，使内部水分外渗，表皮转软，然后再进行烘干即可，烘干时不要用松柏等有油脂的燃料，以免熏黑白术，影响质量。一般认为，白术以个大、无空心、断面白色为好。

第六节　浙贝母

【别名】土贝母、象贝、浙贝、象贝母、大贝母，如图5-6所示。

图5-6　浙贝母

【药用部位】以干燥鳞茎入药。

【种植技术】

1. 播种

（1）选地整地。选择土层深厚、富含腐殖质、排水良好的沙质壤土。种过浙贝母的地，不能连种 3 次，否则易得病害。地选好后深翻 18～20cm，耙细耙平，作宽 200cm、高 12～15cm 的畦，畦沟深 15～20cm、宽 30cm 左右。每 667m^2 施腐熟的厩肥和堆肥 2 500～5 000kg，均匀施入表土层。

（2）繁殖方法。繁殖方法有鳞茎繁殖和种子繁殖两种。生产上多用鳞茎繁殖，种子繁殖多在种鳞茎缺乏时采用。

①鳞茎繁殖。9 月至 10 月上旬，将种子田里的浙贝母挖出来，选种鳞茎，一般选中间号贝作种用。中间号鳞茎是在挖贝母时选择，最大的鳞茎称土贝，直径 4.5～7cm，最小的鳞茎叫杂贝。最小号贝比中间号贝小一点，但质量还是好的，既可作商品，又可作种子田的种子；而大贝和杂贝都可作商品用。

种子田的鳞茎选择标准是鳞茎直径 3～5cm（0.5kg 有 16 个左右），鳞瓣紧密抱合，芽头饱满，无损伤和病害，边挖边栽，其他号的贝母暂时在室内存放，厚度 5cm。冬季套种的作物及时下种，及时收挖，不影响浙贝母生长，之后再栽商品田，10 月末全部种完。

浙贝母种子田的栽培，株行距大小主要是根据种鳞茎的大小而决定。种子田要深栽一些，栽浅了，鳞茎抱合不紧，易伤芽，10～15cm 深，种子大深一些，种子小浅一些，商品田要栽浅一些，否则鳞茎长不大。按 12cm 株距把种子均匀排在沟内，芽向上，栽到边上种要深一些，以免雨水冲刷露出来，栽一行盖一行。

新引种的地方，准确定何时间栽为合适，当见到个别鳞茎在潮湿情况下根已伸出鳞片时，表明已到下种季节。从气温来看，当气温达到 22～27℃时即可下种。

②种子繁殖。浙贝母的种子在 5 月末成熟，此时种子的胚尚未发育好，需要在 5～10℃低温下后熟 2 个月左右，胚才能长成。通过后熟的种子春播，当年可以出苗；如用当年采收的种子秋播，翌年春季可出苗。种子繁殖形成的植株很小，一年生植株的叶是一片线性叶，小鳞茎如绿豆大；二年生苗为一枚披针形叶，鳞茎似玉米粒大；三年生植株开始抽茎，株高 10cm 以上，鳞茎

达 5g；四年生以后，植株开始开花，鳞茎才达到鳞茎繁殖的要求。种子繁殖可提高繁殖率，节约大量的药材，但种子繁殖时间太长，绝大多数采用无性繁殖。

2. 田间管理

（1）中耕除草。在浙贝母未出土前和植株生长的前期进行，栽后半个月浅除草 1 次，每隔半个月进行 1 次，并和施肥结合起来。在施肥之前要除 1 次草，使土壤疏松，肥料易吸收。苗高 12～15cm 抽薹，每隔 15d 除草 1 次，种子田 5 月中耕 1 次。

（2）施肥。肥料需要期比较集中，仅是出苗后追肥不能满足整个生长的需要，而冬肥能够满足整个生长期，能源源不断地供给养分，因此冬肥应以迟效性肥料为主。重施基肥，在畦面上开浅沟，每 667m^{2}以人畜粪尿 1 000kg 施于沟内，覆土，上面再盖厩肥、垃圾和饼肥混合发酵的肥料，打碎，2 500kg 左右，整平，以免妨碍出苗。商品田再加化肥 20kg，翌年 2 月苗齐后再浇苗肥，每 667m^{2}施人畜粪尿 750～1 000kg，稀释水浇于行间。摘花以后再施 1 次花肥，方法同上。

（3）灌溉排水。浙贝母 2—4 月需水多一点，如果这一段时间缺水，植株生长不好，直接影响鳞茎的膨大，影响产量。整个生长期水分不能太多，也不能太少。但北方春季干旱，每周浇 1 次水，南方雨季要注意排水。

（4）摘花。为了使鳞茎充分得到养分，花期要摘花，不能摘得过早或过晚。3 月下旬，当花茎下端有 2～3 朵花初开时，选晴天将花和花蕾连同顶梢一齐摘除，打顶长度一般 8～10cm。

【采收加工】

1. 采收

5 月中下旬植株枯萎时选择晴天收获，从畦的一端采挖，不伤鳞茎，洗出鳞茎上的泥土，选大的鳞茎挖去心芽，加工成元宝贝。较小的鳞茎不去心芽，整个加工成为珠贝。挖下的心芽可加工成贝芯。商品分 3 档，一般珠贝占 10%～15%，贝芯占 5%～

10%，其他为元宝贝，这一比例因生长好坏而不同。

2. 加工

加工时边分开鳞片边挖芯，同时进行分档。即将大的鳞茎选出，分开鳞片挖下贝芯，分别放置，留下直径 2cm 以下的作为珠贝。在进行分开鳞片挖贝芯时应注意，有重瓣的鳞片要分开，便于晒干；心芽不要挖得太大，以免影响产量和质量。

（1）去皮加石灰。去皮的方法是将鳞茎相互碰撞摩擦。去皮的目的在于使内部的水分容易挥发。加石灰的目的，一方面可将鳞茎内部的水吸到外表来，另一方面石灰有一定的防腐作用。去皮在特制的木桶（当地称柴桶）中进行，木桶长 100cm、宽 50cm、高 25cm、形状似船。加工时将木桶悬于三脚木架上，贝母装进桶内，每次可装 20~25kg，然后由两人各在一边握住水桶来往推动，使贝母相互摩擦，经 15~20min，见表皮大部分脱落，浆液渗出时放入贝壳灰（用贝壳烧成），每 50kg 鲜贝母加贝壳灰 1.5~2.5kg。贝壳灰加好后，再继续推动撞击约 15min，等贝母全部粘满贝壳灰为止。近年来去皮摩擦已逐渐用电动机械，木桶也适当扩大，每次可放鲜鳞茎 90kg，来往摩擦时间也缩短到 4~8min。

（2）晒干。加工后的浙贝母第二天放在阳光下晒，连晒 3~4d 后，用麻袋装起来，在室内堆放 1~3d，让内部水分渗到表面来，再晒 1~2d，就可以晒干。在晒干的过程中，每天用筛子（筛眼的孔径约 0.5cm）将脱落的贝壳灰及杂物等筛去。一般 150~160kg 可加工成干货 50kg，如加工不好，则 200kg 才能加工成 50kg 干货。贝母干燥的标准是折断时松脆，断面白粉状，颜色一致，中心无玉色。如断面中心三色者，说明未干，需要再晒。

在连续阴雨的情况下，可用火烘干。有条件的可利用蚕茧的烘灶进行。烘的温度不可过猛，以不超过 70℃ 为宜，并要及时翻动，否则会使贝母成为发硬的“僵子”而造成损失。如没有烘灶等设备，则可搭临时性土烘灶，用木炭来烘。最好采用探温烘干器来烘。

第七节　薯　蓣

【别名】淮山药、山芋，如图 5-7 所示。

图 5-7　薯蓣

【药用部位】以干燥根茎入药。

【种植技术】

1. 播种

(1) 选地与整地。根据薯蓣的生物学特性，宜选向阳、土层深厚、疏松肥沃、排水良好的沙质壤土地块进行种植。选好地后，要深耕土地，以秋末冬初翻耕土地为好，经过风化，翌年种植时土壤疏松。在栽种前，每 667m^{2}施堆、厩肥 4 500~5 000kg，均匀撒在地面上，再细翻 1 次，深 50cm 左右，然后耙细整平，作宽 120cm 的高畦。畦沟宽 30cm，沟深 20cm，畦面呈瓦背形。

(2) 繁殖方法。薯蓣的繁殖方法主要是以芦头繁殖为主，其次是用零余子繁殖，这两种方法应交替进行，单用任何一种都易引起退化。

（3）栽种。当翌年春气温上升至10℃以上时，于3月中旬栽种。取出芦头和用零余子繁殖的一年生小薯蓣根，选其中健壮、无病虫害的种栽分别栽种。栽种时在畦面上按行距为30cm开深10cm、宽15cm的沟。将繁殖材料按照顺序卧放于沟内，头尾相接，株距15~20cm，每行最后1个繁殖材料应回头倒放。沟内每667m^{2}施混合肥1 500kg，之后覆土与畦面持平。每667m^{2}用种5 000~10 000个，合理密植可提高产量。

2. 田间管理

（1）中耕除草。当苗高为5~6cm时，进行第一次中耕除草，因苗小根浅，宜浅耕，以免伤苗。当苗高10cm时，进行第二次中耕，并进行间苗。零余子栽种按株距15cm定苗，苗高30cm时进行第三次中耕，之后搭架，封行后不能进行中耕。

（2）追肥。结合中耕进行追肥，定苗后每667m^{2}追堆、厩肥22 500~30 000kg，饼肥750kg，或施人畜粪尿30 000kg。肥料充足，可再追施1次。

（3）立柱搭架。最后一次中耕，在每株旁插1根支柱，可用细竹竿、柳条等，长2m左右，将两行相邻4根支柱上端捆紧固定，牢固不倒。然后引蔓上架，这样通风透光，茎、叶生长旺盛，可显著提高产量。

（4）灌排水。苗期春旱应及时浇水，7—9月盛生长期也应满足水分的供给，保持土壤一定的湿度，植株才能旺盛生长。水分过少块根扁平、瘦小，水分过多易发病死亡，严重影响产量和质量。

【采收加工】

3. 采收

栽种当年10月中下旬，地上部枯萎时，先采收珠芽，后拆除立柱、割除茎叶，就可以采挖。采挖时，注意不要挖断，把顶部芦头取下作种用，下部的块根装筐运回。

4. 加工

块根运回后，应趁鲜及时加工。将块根洗净，用竹刀刮光外面的粗皮，然后放入蒸灶或蒸箱中，蒸 24h 左右。当块根变软后，取出晒干或炕干。炕干或烘干时控制温度不能过高，以 50℃左右为宜，以免烘焦。产量为每 667m^2 产干货（毛条）250～300kg，折干率为 20%～30%。

第八节　重　楼

【别名】华重楼、七叶莲、铁灯台，如图 5-8 所示。

图 5-8　重楼

【药用部位】以干燥根茎入药。

【种植技术】

1. 催芽处理

重楼种子应选择成熟的表皮微皱果实饱满的种子，将种子装入网袋，用一层土一层种子的方式贮藏在室内进行催芽处理，等种子长出新根时（4—5 月）即可播种。

贮藏要求：贮藏层数控制在五层以下，土壤要保持湿润，不能积水。

2. 苗床播种

种植播撒在温室苗床上，播种后覆土 1～1.5cm，播种 5—6 月出苗，当年出苗率在 60%以上。

苗床要求：播种前温室苗床要进行除草、消毒灭菌和杀虫处理，土壤要疏松肥沃，墒面厚度 20～30cm。

3. 苗床管理

当年生幼苗抗性弱，要加强水分、温度和虫草病害的管理。

管理要求：土壤长期保持湿润，空气相对湿度保持在 50%～80%，温度保持在 30℃以下，苗床荫蔽度保持在 50%左右，要及时预防病虫害，发现杂草要及时拔除。

4. 移栽假植

翌年 6—7 月开始间苗，可陆续的将生长壮实的大苗，按照株距 10cm、行距 10cm 假植于露地苗床上，浇足定根水，成活后翌年就可供大田种植。

【采收加工】

1. 根茎成熟时间

重楼根茎的生长速度很慢，每年仅积累 20g 左右的干物质，且与上一年根茎的粗细成正比。以种子育苗栽种的重楼，一般 7 年以上才能采挖根茎入药，而以根茎切块育苗栽培的重楼，则 3～5 年即可采挖。

2. 采挖时间

待重楼地上茎枯萎后，就可以选择在晴天采挖。采挖期一般在冬季倒苗后至翌年出苗前，即当年 11 月至翌年 3 月。

3. 采挖方法

重楼根茎大多生长在表土层，容易采挖，但还是要注意保持根茎的完整性。采挖时先割除茎叶，然后用锄头从侧面挖出根茎，抖去泥土。为了使重楼可持续栽培，可以将最顶端带芽的节切下继续栽培，后端的部分用于加工入药。

4. 初加工

重楼进行初加工时，先清除根茎上的须根，然后用清水将根茎刷洗干净，最好趁鲜切片，片厚2~3mm，晒干即可。如遇到长时间阴天，可在50℃左右的温度下微火烘干，避免糊化。由于目前重楼价格较高，伪品较多，为了保持外部可见的性状鉴别特征，一般不切片，仍然保留完整的重楼块根形态，洗净后晾干或晒干即可。

第九节　附　子

【别名】乌头、鹅儿花、铁花、五毒根、川乌等，如图5-9所示。

图5-9　附子

【药用部位】以其主根入药为川乌，侧根（子根）的加工品入药为附子。

【种植技术】

1. 播种

(1) 选种。乌头种子具有休眠性，发芽率低，发芽缓慢。乌头的繁殖方法多为无性繁殖，主要有以下栽培品种。

①川药1号（南瓜叶乌头）。叶大，近圆形，与南瓜的叶子相似，块根较大，圆锥形，成品率高，耐肥、晚熟、高产，但抗病力较差。附子平均产量达490.8kg/667m^2。

②川药6号（莓叶子）。茎粗壮，节较密，基生叶蓝绿色，茎生叶大，块根纺锤形。附子平均产量456.6kg/667m^2，较川药1号乌头抗病，产量较高而稳定。

③川药5号（油叶子，又名艾叶乌头）。叶厚，坚纸质，叶面黄绿色，无光泽。附子平均产量368.3kg/667m^2，产量虽低，但较抗病。

（2）选地整地。常在山区生产种根，在平地进行商品化生产。

①种根田（现主要在青川和凉山州布拖县培育）。宜在凉爽阳坡。选玉米、小麦轮作6年以上、土层深厚、疏松肥沃的沙壤土或紫色土。经“三犁三耙”后，整平耙细，作宽1m的畦。施土杂堆肥2 500~3 000kg/667m^2，加施过磷酸钙15kg、饼肥50kg为基肥。

②商品田。应选择气候温和湿润的平地，要求土层深厚，土质疏松肥沃。产区多与水田实行3年轮作，或旱田6年轮作。前作以水稻、玉米为佳。前茬收获后，深耕20~30cm，施厩肥或堆肥3 000~4 000kg/667m^{2}作底肥，整平耙细后，作宽1.2m的高畦，畦面呈龟背形（弓背形）。

（3）播种。

①种根田。11月上中旬栽种（立冬前后），保证在土壤封冻前播种完毕。按株行距各17cm开穴，穴深13~15cm，一级块根每畦2~3行，三级块根每畦4行。将种根芽苞向下栽入穴中，栽后淋入人畜粪，用土覆盖畦面。畦端密栽几行，以备补苗。

②商品田。12月上中旬栽种。将畦面耧平后按株行距各17cm开穴，每畦3行。最好选择色鲜、个圆、芽口紧包、无病斑、无损伤、个头中等大小（150个/kg左右即二级块根）的块

根，作繁殖材料。每穴栽 1~2 个块根，芽头向上立放于穴中央。也可以开沟条播，行距 30~40cm，株距 18~20cm，沟深 18cm 左右，用种量 100~120kg。畦端多栽部分块根，以备补苗。干旱时 7~8d 浇水 1 次，让附子在地里休眠，翌年出苗生长。

2. 田间管理

（1）松土除草。在生长初期应松土除草 3~4 次。植株长高后不再松土，只拔除杂草。川乌春季齐苗后，要结合追施苗肥进行第一次中耕除草，川乌开花前再中耕 2~3 次，使土壤疏松，促块根迅速生长膨大。

（2）水肥管理。生育期必须保持适当湿度，干旱时要注意浇灌水，以水从畦沟内流过不积水为度。雨季要注意及时排出积水。一般追肥 3 次，第一次追催苗肥，在补苗后 10d 左右，施人畜粪尿（1∶1）3 000kg/667m^2。第二次在 4 月上旬（第一次修根后），施绿肥 2 000kg、菜饼 50kg、人畜粪尿 3 000kg。第三次在 5 月上旬（第二次修根后），每 667m^2 施厩肥 1 500~2 000kg，加腐熟菜饼 50kg。每次施后，都要覆土盖穴，并将沟内土培到畦面，使其呈龟背形以防畦面积水。第一次追肥最好抢在雨前撒施，第二、第三次追肥最好放在雨后，趁土壤湿润时于行间开沟，将肥料均匀撒入沟心，然后覆土盖严，以减少养分损耗、流失。

（3）修根。川乌的特殊管理措施。一般修根两次。第一次在 4 月上旬（春分后），株高 50cm 左右时进行，第二次在 5 月上旬（芒种）。用心形铁铲，刨开植株附近的泥土，露出茎基和母根，选留 2~3 个对生的较大块根，刮除较小而多余的块根，将刨下一株的泥土覆盖在上一株的塘内，再修下一株。第二次修根不能刨得过深，目的是去掉新长的小子根，以保证选留的附子发育。每次修根应注意既不损伤叶片和茎秆，还要割断须根，否则影响块根生长膨大。

（4）打尖摘芽（封顶打杈）。目的是使养分集中于地下块根。现蕾至开花时必须打尖，应做到地无乌花，株无腋芽。4 月上中旬（第一次修根后 7~8d）摘去顶芽，一般留 7~8 片叶。当顶端腋芽长出 4~5 片叶时，再将腋芽摘尖。以后每周摘芽 1~2 次，将下方生长的腋芽及时掰掉，掰芽时注意勿伤老叶，以免影响光合作用。

（5）防止倒伏。对因肥力充足、长势过旺、可能出现倒伏的地块，要控制追施氮肥，加强中耕培土，同时起好“三沟”（边沟、腰沟、墒沟），降低土壤湿度。还可在现蕾前叶面喷施 50~100mg/kg 的多效唑（植物生长抑制剂）1~2 次，通过化学调控防止植株倒伏。

【采收加工】

1. 采收备种

川乌一般在种植后翌年 6 月下旬至 8 月上旬开挖收获，最迟在 11 月上旬收获完毕，否则块根出芽后，作种根使用影响出苗，作商品出售容易轻泡，外观、质量下降。用二齿耙挖出全株，先抖落泥土，摘下附子，去掉须根即成泥附子。将母根切下晒干即成乌头。然后晒干或烘干，一般每 667m^{2}产鲜货 1 500~2 000kg，干货 300~400kg。因生川乌有毒，所以保管时应特别注意，保证安全。

收附子时，大的药用，小的留在蔸上，假植沙质壤土中，种时取出种栽；若从老蔸取下种栽，用沙质壤土或沙土挖 66cm 左右深的坑，在下面铺一层种栽，上盖 16cm 厚沙土，再铺一层栽种，盖上沙土，直到地面，作成瓦背形，四周和中间立几束玉米秆等物使之通气。一般只能繁殖两年。

2. 加工

采收时节正值夏季，气温较高，极易腐烂，必须在产地进行防腐加工。产地加工的目的主要是为了防止附子在高温高湿的环境下腐烂。

（1）白附片。用较大或中等大的泥附子作原料进行加工。

①洗泥。

②泡胆。每 100kg 白附子，用胆巴（主要成分为氯化镁）45kg，加清水（淡水）25kg，盛入缸内（称为花水）。然后将洗好

的附子放入，浸泡5d以上，每天要将附子上下翻动1次。浸泡是否合格的标准：看附子外皮色黄亮，体呈松软状即可；若浸泡时间稍长则附子皮硬；当出现附子露出水面时，必须增加老水（即泡过附子的胆水），无老水可增加胆水。泡后的附子称胆附子。

③煮附子。先将“老水”在锅内煮沸，再将胆附子倒入锅内，以“老水”淹过胆附子为度，中途上下翻动1次。煮15~20min，以煮到胆附子过心为止。

④冰附子。煮附子然后捞起倒入缸内，缸内有清水和“老水”各半，再浸泡1d，称冰附子。

⑤剥皮。将漂过水的附子从缸内榜起，剥去外层黑褐色的表皮，用清水和白水（即已漂过附子的水）各一半的混合水，浸泡一夜，中途应搅动1次。

⑥去胆切片。将浸泡后的附子捞起，纵切成2~3mm的薄片，再倒入清水缸内浸泡，最好换水4次，每次浸泡12~48h，以除去片内所含的胆水，即可蒸片，若天气不好，就不换水，可延长时间。

⑦蒸片。将浸泡好的附片捞出，放入大蒸笼内（篾制或木制蒸笼均可），看蒸气上升至蒸笼顶端后，再蒸1h。

⑧晒片熏硫。将已蒸好的附片倒在晒席上（用竹篾编制的大席），利用日光暴晒，晒时要注意片张均匀，不能有重叠，待晒至附片表面水分消失、片张卷角时，即可收起密闭用硫黄熏蒸，至附片发白为宜，然后再倒在晒席上晒干，即成色泽白亮的成品白附片。

（2）黑顺片。用较小的泥附子作原料进行加工。

①洗泥、泡胆、煮附子，同白附片操作。

②切片。将煮后浸泡好的附子捞出，不经剥皮，用刀顺纵切成为4~5mm的厚片。

③糖炙。将片放入清水中泡2d捞起，将红糖（每100kg附子用红糖0.5kg）用文火炒至为黑色稠膏状后，加入适量的开水，搅匀，然后倒入缸内，使其溶于清水中，然后将附片倒入缸内浸染一夜，冬天加工则应延长浸泡时间，染成茶色。

④蒸。取出，装入蒸笼连续蒸11～12h。以片张有油面为度。蒸的过程中，火力必须掌握均匀，不能中途停歇，这样才能保证蒸出有油面、光泽好的片张。

⑤烤。将蒸好的附片在烤片箦子上用木炭火烤，不能使片面烤焦或起泡，烤时要不停地翻动附片，至半干时，必须将附片大小分级。烤至八成干时，晴天可改用太阳晒干，如遇雨天将烤片折叠放在炕上，用小温火围闭烘烤至全干，即成黑顺片。

（3）盐附子。用较大的泥附子做成。

①泡胆。将泥附子除去须根，洗净，每100kg附子用胆巴40kg、清水30kg、食盐20～30kg（新开始加工用盐30kg，翌年利用原有部分盐胆水加盐20kg）混合溶解于水中。将附子倒在缸内浸泡3d。

②搜水。将已泡胆的附子捞起，装入竹筐内，将水吊干，再倒入原缸内浸泡，如此每天1次，连续3次。每次必须先将缸内盐水搅匀后再倒入附子。

③晒短水。将吊好水的附子捞起来，铺在竹箦上在日光下暴晒，至附子表皮稍干，然后倒入原缸中。每天1次，连续操作3次。

④晒半水。将晒过短水的附子再晒干部分水分，一般晒4h左右。每天1次，连续操作3次，晒后再倒入缸内，缸内的水没过附子为宜。

⑤晒长水。将晒过半水的附子捞起来，铺在竹箦上进行日光暴晒1d，当附子表面出现食盐结晶状为止，然后趁附子尚热，即倒入盐水缸内，使其吸收盐分。

⑥烧水。将晒过长水的附子捞起，再将缸内盐水舀入锅内煮沸。然后将附子倒入缸内，再将未溶解的食盐放在上面，将煮沸的盐水趁热倒入缸内，时间掌握在两天两夜，若在夏天有一天一夜即可。最后捞起沥干水分，即为成品。

其他加工品种尚有淡附片、熟片、黄片、卦片、薄黑片、刨片。

第十节 续 断

【别名】和尚头等，如图 5-10 所示。

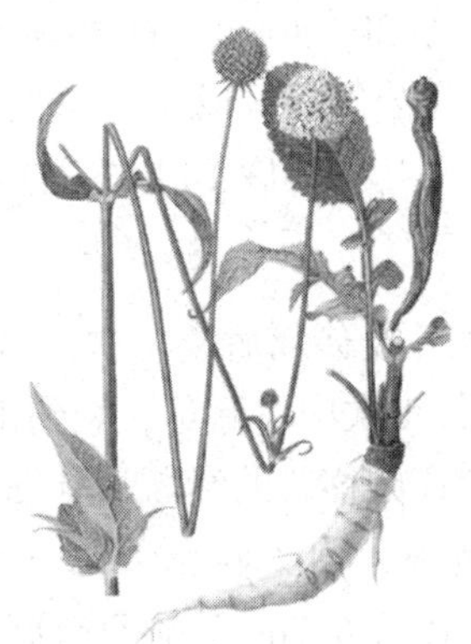

图 5-10 续断

【药用部位】以其主根入药。

【种植技术】

1. 适时播种育苗

续断一般采用直播和育苗移栽两种栽培方式，玉龙县由于药材种植区均为高寒山区，主要采用育苗移栽的方式，可充分提高土地利用率。海拔 2 000~ 3 000m 的种植区一般在 6—7 月播种。播种前将种子用 55℃温水浸泡 10h，捞出摊于盒内或放在纱布袋中，置温暖处催芽，每天浇水 1~2 遍，待芽萌动时即可播种。播种时厢面浇透水，种子与过筛的细土按 1∶3 的比例混合，均匀播撒种子。一般 667m^2 的苗床用种 10~15kg。播种后覆 1~2cm 细薄土，以厢面上不见种子为标准，可盖 2cm 厚的松毛，起到保水防杂草的作用。播种 15~20d 后逐步出苗，要及时人工拔除杂草，并保持土壤湿度在 60%以上。

2. 大田移栽

翌年开春（立春节令），大地解冻后开始进行大田移栽。取苗前，应该先浇透水，起苗时用手握住根部轻轻地将苗拔起，土壤板结严重的地方用小铲从苗的间隙中松土后再拔苗，起出的小苗扎捆后放置阴凉处。当天取苗当天移栽，最迟不超过 2d，栽种时株距 20~25cm、行距 30~40cm，每 667m^2 定苗 15 000株左右。移栽时一定要让根系充分舒展，既不能弯曲，也不能将长的根系剪短，否则会严重分叉。移栽后 1d 以内就应及时浇足定根水。

3. 田间管理

（1）中耕除草。一般移栽后第一次要浅锄，不能伤根及叶，在 6 月、8 月再各进行 1 次中耕除草，做到田间无杂草。

（2）肥水管理。育苗移栽的续断移栽 20d 后苗返青，结合中耕除草，每 667m^2 追施 1 次人畜清粪尿 1 500~2 000kg 或尿素 20kg，6—7 月结合中耕每 667m^2 追施复合肥 40kg。

（3）摘花蕾。开春移栽的续断到了 8 月抽薹开花，为了集中营养使根茎粗壮，不留种的植株应及时割除花茎，叶子太旺盛的植株也可以割除部分叶子。

（4）留种。移栽的续断到 10 月上旬，种子陆续成熟，主茎先熟先收，侧枝后熟后收，采下晒干脱粒，结粒后老根木质化，不能作商品出售。

【采收加工】

1. 采收

于立春节令移栽大田的续断到当年 10 月中下旬就可以开始采收了，采收时先割去地上茎叶，再将根部全部挖起，除去泥土地、芦头、细根。

2. 加工

将干净的鲜续断进行日晒至半干，集中堆置，盖上麻袋，使其“发汗”变软，再次晒干，撞去细须根即可。

第六章　果实类中药材

第一节　枸　杞

【别名】西枸杞、中宁枸杞、枸杞子，如图 6-1 所示。

图 6-1　枸杞

【药用部位】以干燥成熟果实入药。宁夏枸杞的根皮也可入药，为地骨皮。

【种植技术】

1. 选地整地

宁夏枸杞对土壤要求不严，抗逆性较强。为便于管理，以地势平坦、有排灌条件、地下水位 1.0~1.5m、土壤较肥沃的沙壤、轻壤或中壤为好。建园时依据园地大小和地势、水渠灌溉能力划分地条。移栽前每 667m^2施入充分腐熟的有机肥适量，深翻或穴施均可，耙磨，踏实。

2. 繁殖与育苗

大面积栽培主要采用种子繁殖和扦插繁殖，其次是分株繁殖。种子繁殖，植株生长旺盛，结果晚，后代变异率高。目前生产中多采用扦插繁殖，可保持优良的遗传性状。

（1）扦插繁殖。生产上常用的方法是扦插育苗法。宁夏产区扦插育苗一般在3月下旬至4月上旬，树液流动后萌芽以前进行，或者6月上旬选择直径在0.4cm粗左右的春发半木质化嫩茎进行。

①插穗的选用。采集树冠中上部着生的一二年生的徒长枝和中间枝，截成长20cm左右的插条，上端剪成平口，下端削成斜口。

②扦插。在平整好的苗床上，按行距40cm、株距20cm定点扦插，入土深度以顶芽稍露出地面为度，并压实周围土壤，以利于插条生根成活。插条下端还可用适宜浓度的生长素处理，以提高插条的成活率。针对主产地早春低温和干旱，最好覆盖地膜以保持土壤湿度和提高土温，促其早生根发芽。

③插后管理。要加强圃地管理。根据土壤墒情，适时浇水，松土除草。苗高15cm以上时，选一健壮枝作主干，其余都应剪掉，以减少养分消耗。为了防止风害，苗高30cm时，在基部培高10cm左右的土，以防被吹折。苗高40cm以上时剪顶，促发侧枝。幼苗发生病虫害时要及时防治。

（2）种子繁殖。

①种子处理。在水中浸泡搓揉果实，使果肉与种子分离，获得沉于水底的干净种子。最后将洗净的种子稍晾干，与3倍细沙拌匀，置于室内20℃条件下催芽，种子有30%露白时，即可取出播种。

②播种。宁夏产区以3月下旬至4月上旬最好，管理当年就可以出圃。播种时先在畦上按行距30cm开播种沟，沟宽5cm、深2~3cm，将催芽后的种子拌10倍细土或细沙，均匀撒入沟中，覆土2cm。播后稍镇压并覆盖秸秆保持土壤湿度。

③苗期管理。播种后一般7~10d出苗，出苗时及时揭去盖

草。苗高 3~6cm 时进行间苗，苗高 20~30cm 时进行第二次间苗，留苗株距 15cm 左右。其他田间管理同扦插苗。

3. 移栽

苗高 60cm 以上便可出圃定植。种子育苗管理较好的，当年就有 80%可以出圃；扦插苗当年就可以出圃。春、秋两季均可定植，以春季为好。春季定植在 3 月下旬至 4 月上旬，秋季定植在 10 月中下旬。

宁夏枸杞生活力强，起苗可不带宿土，如遇天旱，为保证成活，需带宿土。按株行距 2m×3m 定点开穴。定植时，先在挖好的穴内施肥，每穴施适量的腐熟厩肥或土杂肥，与整地挖穴时的表层肥土拌匀施入，每穴栽苗 1 株，填表层肥土压紧踏实，浇透定根水，覆上细土后，再覆草保湿，以利于成活。

4. 田间管理

（1）中耕除草培土。幼树生长快，发枝旺，树冠迅速扩大，但是主干较细，灌水后易被风刮倒。发现植株倒伏，应扶正培土。幼龄树枸杞由于树冠未定形，易滋生杂草，中耕除草宜勤；每年中耕除草 3~4 次，第一次在春季萌芽展叶时进行，第二、第三、第四次分别在 6 月、7—8 月、9 月进行。在植株根际周围宜浅，其他地方宜深，避免伤根。冠定形后，视杂草生长情况，可适当减少中耕除草次数。在春季 3 月中旬至 4 月中旬和秋季 10 月下旬进行深中耕 15~20cm，树冠下宜浅些，有保墒增温、除草、治虫和促进根系活动的作用。中耕时除去无用的萌蘖。

（2）追肥。宁夏枸杞喜肥，年年大量结果，养分消耗多，必须及时追肥。生长期追肥多用速效性肥料，一般 5 月上旬追施尿素，6 月上旬和 7 月上旬各追 1 次磷铵复合肥。采用穴施，施肥后灌水。在花果期还可用 0.5%磷酸二氢钾喷洒树冠。冬季每株施适量腐熟厩肥或土杂肥、尿素、过磷酸钙。在植株根际周围开沟施入并覆土盖肥。冬季施肥盖土后还需在根际周围培土。

（3）整形修剪。宁夏枸杞定植后大量结果前，主要是树体生长和树冠的形成，这时必须进行整形修剪，培养树型。一般培养成半圆树型，株高1.5m左右，树冠1.6m。

①幼树整形。宁夏枸杞定植后当年去顶定干，留主干高50cm左右。当年秋季在主干上选留3~5个粗壮枝条作主枝，并于20cm左右处短截，翌年春季又在此枝上选留3~5个新发枝，并于20~25cm处短截作为骨干枝。第三、第四年按翌年的方法，从骨干枝上发出的新枝中选留3~4个枝条，并于30cm处短截，以延长骨干枝，从而加高和充实树冠骨架。经过几年整形培养后，树冠下层各级主枝和骨干枝都已基本形成，于第五、第六年时，在下层树冠骨干上选一个接近树冠中心的直立枝，从30~40cm处摘顶，促使其发新侧枝，以构成上层树冠的骨架，经过5~6年整形培养，树冠基本形成，就进入成年树阶段。

②成年树修剪。成年宁夏枸杞进入大量结果期，修剪以果枝更新为主，维护饱满树冠的整形修剪为辅。修剪可在春、夏、秋三季进行。春季修剪在枸杞萌芽至新梢生长初期进行，主要是剪去枯死的枝条。夏季修剪在6月进行，剪去徒长枝。如果树冠空缺或秃顶，则应保留徒长枝，并在适当高度摘顶，促使其发新侧枝来补空缺。秋季修剪在8—9月进行，主要是剪去徒长枝和树冠周围的老、弱、横及虫害枝条，同时清除树冠膛内的串条、老枝、弱枝。

（4）灌溉排水。二三年生的幼龄树应适当少灌水，以利于根系向土层深处生长。一般每年采一批果后灌1次水。冬季施肥灌1次水，以利于越冬。灌水不能太多，更不能长期积水，灌水过量或大雨后要及时排出积水，以免引起烂根和死亡。

【采收加工】

1. 枸杞

（1）采收。6—10月当果实由绿变红、果蒂松软时采摘。摘果应选晴天露水干后进行，摘时连同果柄一同采收，并注意轻采、轻放，防止压烂或受损伤，以免果浆外流而影响质量。每隔1~2d摘1次。忌在有晨露或降水未干时采摘。

（2）加工。

①晾干。将鲜果薄摊于晒席上晾干，不要随意翻动，否则易变成黑色（油籽）。不要晒得过干，否则颜色发暗，皮脆易破碎。如能晾干就不要晒，晾干的色泽更佳。

②烘干。将鲜枸杞轻轻摊放在果栈（烤盘）上，送入热风干燥室，先在40~45℃条件下烘烤24~36h，果皮略皱时，将温度调至45~50℃，烘烤24h即可干透。整个烘干时间约4d。烘时不能翻动，也不能中途停烘，否则会变质。

③现代工艺热风烘干。先将采收后的鲜果经冷浸液（土碱粉、碳酸钠粉、碳酸氢钠粉、油酸钾配制成，起破坏鲜果表面蜡质层的作用）处理1~2min后均匀摊在果栈上，送入烘道。然后在热风炉中，将鲜果在递变的流动热风作用下，经过55~60h的脱水过程，果实含水量在13%以下即可。

2. 地骨皮

地骨皮采收选择淘汰的老龄树，挖取树根剥下树皮，扎成束晒干。再用绳捆或麻袋、芦席包装贮于干燥处备用。

第二节　山茱萸

【别名】枣皮、药枣、山萸肉，如图6-2所示。

图6-2　山茱萸

【药用部位】以干燥成熟果皮入药。

【种植技术】

1. 选地整地

山茱萸栽培大多在山区，因此在选择育苗地宜选择排灌方便、背风向阳、光照良好的缓坡地或平地。土层深厚、疏松肥沃、排水良好、富含腐殖质的沙质壤土为育苗地。选地后，于秋、冬季每 667m^2 施入厩肥 3 500~4 000kg、过磷酸钙 50kg 作基肥，均匀撒入地面，深翻 30cm，耙细整平。在播前再浅播 1 次，耙细整平，作宽 1.2m 的高畦，畦沟宽 40~45cm。

定植地宜选背风向阳坡地，河边地、二荒地、房前屋后等闲散零星地块均可种植。高山、阴坡、光照不足、土壤黏重、排水不良等处不宜栽培。由于山茱萸种植多为山区，在坡度小的地块按常规进行全面耕翻；在坡度为 25°以上的地段按坡面一定宽度沿等高线开垦即带垦。挖松底土，每穴施足量杂肥，与底土混匀。土壤肥沃、水肥好、阳光充足条件下种植的山茱萸结果早，寿命长，单产高。

2. 繁殖与育苗

山茱萸以种子繁殖为主，亦可采用扦插、压条、嫁接等繁殖方法。

（1）种子繁殖采用育苗移栽，一般育苗两年。

①种子处理。选择树势健壮、生长旺盛、冠形丰满、抗逆性强的中龄树作为采种树。在秋季果实成熟时，采集果大、核饱满、无病虫害的果实，晒 3~4d，待果皮柔软去皮后进行种子处理。

种子处理好坏直接关系到出苗率，非常关键。先将种子放到 5%碱水中，用手搓 5min，然后加开水烫，边倒开水边搅拌，直到开水将种子浸没为止。待水稍凉，再用手搓 5min，用冷水泡 24h 后，再将种子捞出摊在水泥地上晒 8h，如此反复最少 3d，待有 90%种壳有裂口，用湿沙与种子按 4∶1 混合后沙藏即可。经常喷水保湿，勤检查，以防种子发生霉烂，翌年春季开坑取种即可播种。这种处理办法适合春播时采用。如果选择秋播只需要用不低于 70℃的温水将种子浸泡 3d 后即可播种（注意待水凉透后要及时更换热水），下种后用薄膜覆盖催芽。

②播种。3 月下旬至 4 月上旬，在整好的苗床上条播。按行距 25~30cm 开沟，深 20~33cm，将处理过的种子均匀播入沟内，覆土 15~32cm 后镇压，上盖一层薄膜或草秆，保持畦面湿润。播后 10d 左右便可出苗。每 667m^2用种量 40~60kg。

③苗期管理。出苗前要经常保持土壤湿润，防止地面干旱板结，用草或薄膜覆盖有利于保墒，旱时及时浇水。出苗后撤去盖草，当苗高 15cm 左右时锄去杂草，并用腐熟稀薄的粪水进行追肥，可加速幼苗生长。如小苗过密，在苗高 13~16cm 时进行间苗，按行距 10cm 左右定苗。幼苗达不到定植高度时，入冬前浇一定防冻水，加盖杂草或牛马粪，以利保温保湿，使幼苗安全越冬。一般育苗期 2 年即可移栽。

（2）扦插繁殖。5 月中下旬选带顶芽的一年生嫩枝，于 15~20cm 处剪下，上部留 3~4 片叶，下部切成斜形，并用 ABT 生根粉 50mg/kg 溶液浸泡 0. 5h，随后插入 20~25℃的苗床内，10d 后即可开始生根。这期间应保持较高的湿度，或上部适当搭棚遮阴。加强肥水管理，入冬前或翌年早春起苗定植。

（3）压条繁殖。秋冬季植株休眠期或早春萌发前进行。选择结果期、生长健壮、产量高的山茱萸作母株。将近地面的一二年生枝条弯曲，并在近主干处割伤皮部，将枝条埋入土中，固定压紧，枝条前端露出地面，加强肥水管理。翌年冬或第三年春，即可与母株分离，移栽。

（4）嫁接繁殖。茱萸实生苗 7~10 年后才能结果，嫁接苗 2~3 年就可开花。砧木一般选用优良品种的实生苗，接穗宜采集产量高、果实肥厚、果实大、生长健壮、无病虫害的优良单株。采集接穗时应剪取位于树冠中部或中上部、生长正常、健壮无病虫害的优良一二年生侧枝。芽接于 7—8 月进行，采用“丁”字形盾芽嵌法。切接多选用一二年的实生苗，茎基粗度在 1.0cm 左右作砧木，在 2—3 月树液流动至芽膨大期进行。

3. 移栽

山茱萸苗高 50~100cm 时，即可出圃定植。在冬季落叶后或早春萌芽前移栽。在山地栽植，一般采用 4m×5m 的株行距挖穴；建立大面积集约化管理的山茱萸园地，可采用 2.5m×3m 的株行距挖穴。穴深 50cm，每穴施腐熟的农家肥，与表土混匀后定植，每穴栽壮苗 1 株。填土踩紧后，浇足定根水。

4. 田间管理

（1）中耕除草与盖草。山茱萸根系较浅，最怕荒芜，通过垦复可使山茱萸生长健壮、达到高产的目的。每年秋季果实采收后或早春解冻后至萌芽前进行冬挖、深翻，夏季 6—8 月浅锄山茱萸园地。垦复深度一般为 18~25cm，掌握“冬季宜深，夏季宜浅；平地宜深，陡坡宜浅”的原则，适当调节。树盘覆盖可以减少地表蒸发，保持土壤水分，提高地温，有利于根系活动，从而促进山茱萸的新梢生长和花芽分化。树盘覆盖的材料可用地膜、杂草、马粪及其他禾谷类秸秆等。山茱萸树盘覆草可延迟开花期，减轻冻害影响，提高坐果率和产量，减少降水引起的树盘土壤冲刷，并能抑制杂草的萌发和生长。

（2）施肥。山茱萸追肥分土壤追肥和根外追肥（叶面喷肥）两种。土壤追肥在树盘土壤中施入，前期追施以氮素为主的速效性肥料，后期追肥则应以氮、磷、钾或氮、磷为主的复合肥为宜。幼树施肥一般在 4—6 月，结果树每年秋季采果前后于 9 月下旬至 11 月中旬注意有机肥与化肥配合施用。施肥方法采用环状施肥和放射状施肥。根外追肥在 4—7 月，每月对树体弱、结果量大的树进行 1~2 次叶面喷肥，用 0.5%~1%尿素和 0.3%~0.5%的磷酸二氢钾混合液进行叶片喷洒，以叶片的正反面都被溶液小滴沾湿为宜。

（3）整形修剪。根据山茱萸短果枝及短果枝群结果为主，萌发力强、成枝力弱的特性和其自然生长习性，栽植后选择自然开心形、主干分层形及丛状形等丰产树形。通过整形修剪，可调整树体形态，提高光能利用率，调节山茱萸生长与结果、衰老与更新及树体各部分之间的平衡，达到早结果、多结果、稳产优质、延长经济收益的目的。

①幼树的整形修剪。山茱萸定植后翌年早春，当幼树株高为80~100cm时，就应开始修剪。这个时期应以整形为主，修剪为辅。根据整形的要求，应尽快培养好树冠的主枝、副主枝，加速分支，提高分支级数，缓和树势，为提早结果打下基础。根据山茱萸生长枝对修剪的反应，幼树应以疏剪（从基部剪除）为主，短截（剪去枝条的一部分）为辅。疏剪的枝条包括生长旺、影响树形的徒长枝，骨干枝上直立生长的壮枝，过密枝及纤细枝。

②成年树的整形修剪。山茱萸进入结果期，先期仍以整形为主。进入盛果期后，则以修剪为主。由于抽生生长枝数量显著减少，所以，此时的生长枝要尽量保留，特别是树冠内膛抽生的生长枝更为宝贵；同时对这些生长枝进行轻短截，以促进分支，培养新的结果枝群，更新衰老的结果枝群。总之，生长枝的修剪，应以轻短截为主，疏剪为辅。山茱萸生长枝经数年连续长放不剪，其后部能形成多数结果枝群。但由于顶枝的不断向外延伸及后部结果枝群的大量结果，整个侧枝逐渐衰老，其表现是顶芽抽生的枝条变短，后面的结果枝群开始死亡。这时侧枝应及时回缩，更新复壮，以免侧枝大量枯死，一般回缩到较强的分枝处。回缩的程度视侧枝本身的强弱而定：强者轻回缩，弱者重回缩。回缩之后，剪口附近的短枝长势转旺，整个侧枝又开始向外延伸。同时，侧枝的中下部也常抽生较强的生长枝，可用来更新后面衰老的结果枝群。

③老树的更新修剪。山茱萸进入衰老期后，抗逆性差，容易被病虫害侵袭为害，导致山茱萸衰老死亡，因此必须更新修剪。其方法是疏除生命力弱的枝条和枯枝，迫使树体形成新的树芽。

充分利用树冠内的徒长枝，将其轻剪长放培养成为树体内的骨干枝，促使徒长枝多抽中短枝群，以补充内膛枝，形成立体结果。对于地上部分不能再生新枝的主枝或主干死亡而根际处新生蘖条者，可锯除主枝主干，让新条成株更新。更新植株比同龄栽株要提早 2~4 年结果。

5. 灌溉排水

山茱萸在定植后和成树开花、幼果期，或夏秋两季遇天气干旱，要及时浇水保持土壤湿润，保证幼苗成活和防止落花落果造成减产。

6. 疏花

根据树势的强弱、花量的多少、树冠的大小确定疏除量，一般逐枝疏除 30%的花序，即在果树上按 7~10cm 距离留 1~2 个花序，可达到连年丰产的目的。在小年则采取保果措施，即在 3 月盛花期喷 0.4%硼砂和 0.4%的尿素。

【采收加工】

1. 采收

一般成熟时间在 9—10 月，在山茱萸全株果实绝大部分由绿变红，呈现本色，开始自然脱落时，进行采收。采收时，枝条上已着生花芽，采收时动作应轻巧，以免损伤花芽，影响翌年产量。

2. 加工

山茱萸的加工可分为净化、软化、去核、干燥 4 个程序。采摘后要及时加工，防止堆沤发酵。可晾干或烘干。

（1）净化。将鲜花薄摊于晒席上晾干，不要随意翻动，否则会使花变黑或烂花，最好当天晾干，花白，色泽也好。

（2）软化。

①水煮。用普通铁锅加入 2/3 左右的清水，干柴加热，水温 85℃时，缓慢投入适量鲜果，锅内保持 3.3cm 左右的水面，中等火力加热并保持水温，不断用锅铲或木器缓缓上下翻动，使鲜果

均匀受热，至果实膨胀柔软，用手指挤压，果核能自动滑出时，快速捞出，立即倒入适量冷水中冷却 5~10min 捞出，沥干水。

②笼蒸。将净鲜果放入蒸笼内加盖，蒸笼放到盛热水的铁锅上加热至蒸笼冒气 5~7min，果实膨胀发热，用手挤压果核能自动滑出时，取出冷却。

（3）去核。将软化的果实冷却至手感不烫时快速用手挤出果核。

（4）干燥。

①晒干法。将鲜果肉皮均匀地平摊在竹席、竹筛上，1~2cm 厚，在日光下晾晒，及时翻动，晒至手翻动时有沙沙声响时收起，稍放散热，放置容器中密封。

②烘干法。遇连续阴雨天气时，将果肉皮置于直径 80cm、高 5cm、孔径 0.5cm 的竹筛中摊放 3cm，放置距木炭或煤炭火 40~50cm 的架子处烘干。隔 5~10min 翻动 1 次，烘至翻动时果肉皮有沙沙响声时，取出晾凉，置密闭容器中。也可在火炕上铺上干净竹席，放置 3~4cm 厚鲜果肉，加热烘干。

第三节　山　楂

【别名】红果、山里红、北山楂、赤瓜实、棠棣子，如图 6-3 所示。

图 6-3　山楂

【药用部位】以干燥成熟的果实入药。山楂的叶也可入药，为山楂叶。

【种植技术】

1. 选地整地

对土壤要求不严，抗逆性较强。为便于管理，选择地势平坦、土层深厚、灌水方便、排水良好、向阳、肥沃而疏松的壤土或沙壤土为好。涝洼地、排水不良的黏重土壤、土层薄的沙土地和偏碱的土壤不适宜作育苗地。建园时依据园地大小和地势、水渠灌溉能力划分地块。移栽前每667m^{2}施入适量充分腐熟有机肥，根据地形全面深翻或穴施均可，耙磨、踏实。

2. 繁殖与育苗

繁殖方式有种子繁殖、分株繁殖、嫁接繁殖等，目前大面积栽培主要采用种子繁殖和分株繁殖方式育苗，然后在培育的苗木上嫁接优良品种，然后大田移栽。

（1）种子繁殖。山楂采用种子繁殖培育的实生苗根系发达，生长速度快，繁殖系数大。目前生产上多采用此种方法。

①种子处理。选择生长健壮、无病害、处于壮龄期的母树，采收发育良好的果实，在水中浸泡搓揉果实，使果肉与种子完全分离，获得沉于水底的干净种子。以1份种子4份湿沙混拌均匀，放置在挖好的沙藏沟内，种子厚度为10~15cm，用木棒和秸秆覆盖，在沟中央立一丛秸秆透气，然后在覆盖物上培70cm左右厚的土，翌年播种时取出。

②播种。可秋播和春播。春播，经过冬季沙藏的种子，可在春季芽萌动时，将已萌发的种子选出，集中播种。秋播，也可在已贮一冬一夏后进行秋播。春播宜早，秋播一般在土壤结冻前进行。山东产区以3月下旬至4月上旬播种最好，管理妥当，当年就可以出圃。播种时先在畦上按行距30cm开播种沟，沟宽5cm、深4~5cm，将催芽后的种子均匀撒入沟中，覆土。稍镇压并盖草或者覆盖地膜。

③苗期管理。播种后一般 7~10d 出苗，苗高 10~15cm 时进行间苗补苗，留苗株距 10cm 左右。要加强圃地管理。根据土壤墒情，适时浇水、中耕、除草、施肥。

（2）分株繁殖。每年在树下自然发出较多的根蘖，是培育砧苗的好材料。春季将根蘖苗挖出，按苗的大小分别栽于苗圃中，苗的株行距一般为(15~20)cm×(35~40)cm。栽苗前要整翻土地，施入有机肥，作畦保墒。栽后及时浇水，加强管理，秋季进行嫁接。

（3）根段扦插繁殖。春季把苗木出圃或果园施肥翻地时获得的断根收集起来。将粗 0.5~1cm 的根切成根段，每段长 12cm 左右，扎成捆，用一定浓度的赤霉素浸泡约 20min，捞出置于湿沙贮存 6~7d。扦插时斜插于苗圃中，要边插根边将土踩实，使根段与土贴紧，然后浇水保墒。萌芽后及时去掉多余的芽子，只保留 1 个壮芽生长，秋季嫁接品种。

（4）嫁接繁殖。在春、夏、秋季均可进行嫁接。选择用种子繁殖的实生苗或分株苗作砧木，采用芽接或枝接的方法进行嫁接，以芽接为主。

3. 移栽

秋、冬季休眠期或早春萌发前进行。山楂生活力强，起苗可不带宿土；如遇天旱，为保证成活，需要带宿土或用黄泥浆根。定植时，先按株行距 3m×4m 栽植，也可按 2m×4m 或 3m×2m 栽植，挖好穴，每穴施腐熟厩肥或土杂肥适量，与整地挖穴时的表层肥土拌匀施入。选取健壮的山楂苗，每穴栽苗 1 株，填表层肥土，同时将苗木轻轻上提，使根系与土壤密切接触并压实。浇透定根水，盖上细土后，再覆草保湿，以利成活。

4. 田间管理

（1）中耕除草。定植成活后的头两年，每年中耕除草 3~4 次，第一次在春季萌芽展叶时进行；第二、第三、第四次分别在 6 月、7—8 月、9 月进行。在植株根际周围宜浅，其他地方宜深，避免伤根。第三年以后，可适当减少中耕除草次数。进入盛果期，在春季萌芽前施肥浇水后，将麦草或秸秆粉碎至10cm以下，平铺树冠下，厚度为15~20cm，连续3~4年后深翻入土壤，结合深翻，增施有机肥，促使土壤熟化，提高土壤肥力和蓄水能力。

（2）追肥。在每年早春展叶期、花期、果实膨大期追施3次肥，在3月中旬树液开始流动时，每株追施尿素0.5~1kg，以补充树体生长所需的营养，为提高坐果率打好基础。谢花后每株施尿素0.5kg，以提高坐果率。7月末每株施尿素0.5kg、过磷酸钙1.5kg，以促进果实生长，提高果实品质。在花果期还可用0.3%尿素与0.2%磷酸二氢钾溶液进行根外追肥，以补充树体生长所需的营养，促进开花结果。采果后立即施越冬基肥，基肥以有机肥为主，每667m^{2}开沟施有机肥3 000~4 000kg，加施尿素20kg、过磷酸钙50kg。追肥一般采用条沟施肥，在树与树的行间开一条宽50cm、深30cm的沟，将肥料施入沟中，然后覆土。

（3）整形修剪。根据树体生长发育特性、栽培方式及环境条件的不同，通过人为的整形修剪使树体形成匀称、紧凑、牢固的骨架和合理的结构。

①冬季修剪。幼树整形修剪多采用疏散分层形法，通过整形修剪，使其形成骨架牢固，树型张开，树冠紧凑，内膛充实，大、中、小枝疏散错落生长，上下里外均能开花结果的疏散分层形丰产树。成年山楂树外围易分枝，常使外围郁闭，内膛小枝生长弱，枯死枝逐年增多，各级大枝的中下部逐渐裸秃。防止内膛光秃的措施应采用疏、缩、截相结合的原则，进行改造和更新复壮，疏去轮生骨干枝和外围密生大枝及竞争枝、徒长枝、病虫枝，缩剪衰弱的主侧枝，选留适当部位的芽进行小更新，培养健壮枝组。结果期及时剪去衰弱枝对枝条进行更新，以恢复树势，促进产量提高。

②夏季修剪。夏季修剪主要方法有拉枝、摘心、抹芽、除萌等。由于山楂树萌芽力强，加之落头、疏枝、重回缩可能刺激隐芽萌发，形成徒长枝，因此要及时抹芽、除萌。夏季对生长旺而有空间的枝在7月下旬新梢停止生长后，将枝拉平，缓势促进成花，增加产量。如果还有生长空间，每隔15cm留1个枝，尽量留侧生枝，当徒长枝长到15cm以上时，留10~15cm摘心，促生分枝，培养成新的结果枝组。此外，在辅养枝上进行环剥，环剥宽度为被剥枝条粗度的1/10。

（4）灌溉排水。天气干旱或降水过多时，要及时做好灌溉和排水工作。一般1年浇4次水，早春土壤解冻后萌芽前结合追肥灌1次透水，以促进肥料的吸收利用。花后结合追肥浇水，以提高坐果率。果实膨大前期如果干旱少雨要及时灌水，有利于果实增大。灌冻水一般结合秋施基肥进行，浇透水以利树体安全越冬。

【采收加工】

1. 山楂

山楂果实后期增重较快，不宜早采，以免影响果实产量、品质和耐贮性。9—10月果实皮色显露、果点明显时即可采收。果实采收后，在空气畅通处堆放几天，上覆草帘，使其散热，然后包装贮运。或者果实采下后趁鲜横切或纵切成两瓣，晒干，或采用切片机切成薄片，在60~65℃下烘干。

2. 山楂叶

夏、秋两季采收，晾干。再用麻袋、芦席包装贮于干燥处备用。

第四节　吴茱萸

【别名】吴萸、茶辣、吴辣、米辣子、右虎，如图6-4所示。

【药用部位】以干燥近成熟果实入药。

图 6-4　吴茱萸

【种植技术】

1. 选地整地

育苗地宜选地势较高、排灌方便、光照充足的地方。土壤要求疏松、肥沃、排水良好的沙质土。在上一年冬季深翻，翌年春季播种前“三犁三耙”。结合整地每 $667m^2$ 施足基肥，耙细整平后，开沟作畦，床宽 1.2m，长视圃地大小而定，畦高 20cm，沟宽 30cm，待用。

种植地宜选向阳的低山、荒坡、荒地成片造林，若其坡度大，为保持水土，应改成梯田，然后结合地形进行全面整地或局部挖穴，深翻土壤，在此基础上，按株行距 2m×3m 挖穴，穴深各 80cm 左右，表层肥土和底土应分开堆放穴旁，以便定植时利用。

2. 繁殖与育苗

吴茱萸有扦插繁殖、分株繁殖和压条繁殖等繁殖方法。

（1）扦插繁殖。有根插、枝插繁殖方法。根插法简便，繁殖快，成活率高，生长快，结果早，是产地普遍采用的繁殖方法。

①根插育苗。选树龄 4~6 年、长势旺盛、根系发达的植株作母株。在 2 月上旬，刨开树根周围的土壤，切取根部直径粗 1cm 以上的侧根，按每段长 13~20cm 剪成数段，作为插穗斜插在苗床上。但被挖根的植株在 1 年之内不能取根过多，否则会影响植株

长势。

②枝插育苗。早春新梢萌发前，从四至六年生、生长旺盛、无病虫害的优良植株上剪取一年生发育充实的枝条，剪成长 20~25cm 的小段，每段留 3~4 个芽，扎成捆，将其下端 1~2cm 处浸泡在 0.05%ABT 生根粉溶液中 1min，取出晾干斜插在苗床上。此法繁殖快，对母株损伤小，结果早，但成活率不高。

（2）分株繁殖。于冬季落叶后至早春萌发前进行。选择四至六年生、健壮无病、产量高、品质好的优良母株，挖开母株根际周围 50cm 左右处的泥土，露出侧根，选择直径 3cm 左右的侧根，每隔 10~15cm 砍一个伤口，砍至皮层为度，当即施肥覆土踏实。1~2 个月后，伤根处便会萌发许多幼苗。吴茱萸分蘖力强，母株周围常生出许多蘖苗，可在 4 月上旬前后挖取分蘖苗移栽。

（3）压条繁殖。秋冬季植株休眠期或早春萌发前进行。选择四至六年生、生长健壮、产量高的吴茱萸作母株，在母株四周根基发出的二三年生小苗节间用小刀环剥去 1~2cm 宽的皮部，压埋在土中 5~10cm 深，使枝梢尖端露出土面，待环剥处生根后，翌年即可切断移栽。

3. 移栽

育苗翌年就可移栽，从秋末落叶后至早春萌发前均可定植。定植时，先在挖好的穴内施肥，每穴施适量腐熟厩肥或土杂肥，与整地挖穴时的表层肥土拌匀施入，每穴栽苗 1 株，栽后覆土到穴深一半时，将苗轻轻向上提一下，使苗根理直舒展，而后覆土踏实。浇透定根水，覆上细土后，再覆草保湿，以利成活。

4. 田间管理

（1）中耕除草。定植后到树冠郁闭前，可间作豆类、薯类、蔬菜等矮秆浅根作物或者金钱草、半夏、鱼腥草等草本中药材，以耕代抚，以短养长，但套种作物与幼树应保持一定距离，不能影响吴茱萸的生长。如土壤瘠薄，则不宜间作，可套种牧草作绿肥，在绿肥植物生长茂盛时翻入土中作肥。每年春、夏、秋各进行中耕除草1次，前期宜浅锄，避免伤根，后期可深锄，有利于根系生长。郁闭后，每年春夏之交中耕除草1次，每3~4年于秋后深翻土1次，结合翻地施基肥，促使土壤熟化。

（2）追肥。早春芽萌发前，施1次人畜粪尿。有条件的在花蕾形成前再施1次肥。开花后增次磷钾肥。秋末冬初落叶后，在根周围环施农家肥、焦泥灰15~20kg，并培土成土丘状，以保暖防冻。

（3）整形修剪。株高1m左右，冬初落叶后或春季芽萌发前，适当进行修剪，保留健壮、芽眼肥大枝条，剪去主干顶端，形成一定形状的树冠。同时剪去病虫枝，剪下的病枝及时烧掉。植株生长到后期，长势渐趋衰退，产量下降。可在老树根际已萌生幼株时，砍去老树干，适当修剪幼枝。

（4）灌溉排水。花期若遇天气干旱或雨水过多时，均会造成大量落花、落果等现象。因此，要及时做好灌溉和排水工作。

5. 虫害防治

（1）煤污病。又名煤病。于5月上旬至6月中旬发生，蚜虫、长绒棉蚧为害吴茱萸时，被害处及其下部叶片、嫩梢和树干上会诱发出不规则煤状斑，受害处似覆盖一层煤状物。严重发病的植株，树势减弱，开花结果少。

防治方法：发生期可喷40%乐果1 500~2 000倍液或25%亚胺硫磷800~1 000倍液，每隔7d喷1次，连续2~3次。发病期喷50%甲基托布津800~1 000倍液或1：0.5：150波尔多液，每隔10d左右喷1次，连续喷2~3次。

（2）锈病。5月中旬发病，6—7月为害严重。发病初期，叶片上出现黄绿色近圆形的小点。叶背有橙黄色微突起小疮斑，破裂后散发出铁锈色粉末，叶片上病斑不断增多，以致叶片枯死。

防治方法：清理田园，集中处理病残枯枝落叶，烧毁深埋，可减轻翌年为害。增施磷、钾肥，促进植株生长健壮，提高抗病力。发病初期喷3%石硫合剂或97%敌锈钠300倍液或25%粉锈宁1 500倍液。

（3）蚜虫。为害新梢和嫩叶，成虫、幼虫刺吸汁液，使幼叶卷曲发黄。

防治方法：用敌敌畏乳油800~1 500倍液防治。

（4）柑橘凤蝶。5—6月或者8—9月发生。幼虫咬食幼芽、嫩叶造成缺刻。

防治方法：人工捕杀。幼虫期用90%晶体美曲膦酯1 000倍液喷雾防治。

（5）褐天牛。7—8月为严重为害期。以幼虫和成虫两种虫态越冬。卵孵化后，幼虫开始向木质部内蛀食，造成主干或主枝枯死，折断后蛀道内充满木屑和虫屎。

防治方法：茎叶突然枯萎时，清除枯枝，进行人工捕捉。产卵盛期，用50%辛硫磷乳油600倍液喷杀。田间释放天牛肿腿蜂。

【采收加工】

1. 采收

定植后2~3年就能开花结果，于8—11月当果实由绿色转黄绿色或个别稍带紫色，尚未完全成熟时即可采收。采收时应选择晴天的上午采收，趁早上有露水时采摘，既可减少果实跌落又便于采后晒干。采果时，注意保护枝条，把果实连同果柄一齐摘下，轻采轻摘，避免震动落果损失，切不可将果枝剪下，以免影响翌年的开花结果。

2. 加工

采摘后要及时加工，防止堆沤发酵。可晾干或烘干。将采下的果穗先搓揉，使果粒脱落，筛选幼果，并薄摊于晒席上晒干。但晚上收回室内贮放时切不可堆积，以免发酵。一般连晒1周即可全干。如遇阴雨天可用无烟煤炭或木炭烘干，烘干时的温度应控制在60℃以内，否则吴茱萸所含挥发油会大量损失而降低质量。烘或晒时应经常翻动，使其干燥均匀，除去杂质。

第五节 酸 橙

【别名】枸头橙、臭橙，如图 6-5 所示。

图 6-5 酸橙

【药用部位】干燥未成熟果实为枳壳。干燥的幼果为枳实。

【种植技术】

1. 选地整地

以土层深厚、质地疏松、排水透气良好、具中性（pH 值为 6.5~7.5）的土壤为好。在这种土壤上栽种，产量高，盛果期较长。过于黏重、排水不良的土壤，都不宜栽培。对地势的选择不严，无论山坡、平原、丘陵、河滩均可栽培，但在坡地栽培应选阳坡。

2. 繁殖与育苗

酸橙的繁殖方法有种子繁殖、嫁接繁殖、高枝压条法繁殖等 3 种方法。

（1）种子繁殖。可采用冬播或春播。播种时间在采种后或翌年的 3 月。按株距为 4cm 左右、行距为 30cm 左右条播，播后覆肥土厚约0.5cm，轻压使种子与土接合，并覆盖秸秆，浇水保持苗床湿润。出苗后，可揭去盖草利于出苗，并及时除草、施肥。秋天按株距7~8cm间苗或补苗。培育3~4年定植。

（2）嫁接繁殖。嫁接用的砧木可用种子繁殖生长2~3年的幼株。一般采用芽接方法。每年2月、5—6月、9—10月均可进行，以寒露节前后为最佳。选一二年生无病虫害的良种壮枝，摘除小叶保留叶柄，再把枝芽和一小块木质部一齐削成盾形的接穗，然后在砧木的树干横向割断树皮（不伤及木质部），再在其中央向下割一刀，使成丁字形。把接穗的木质部去掉以后，立即嵌到砧木的割口里，捆扎固定。嫁接时要求刀利、手稳，削口要平错，芽要准，包扎紧实。7~10d检查是否成活，接活后把砧木上的其他萌发枝割去，只让接穗生长。在嫁接后翌年、第三年定植。

（3）高枝压条法。在12月前后，选表现优良的结果期的植株作为母树，在树上选择二三年生的健壮枝条，环切一条宽约1cm的缝，剥去韧皮部，并敷湿泥，外用透气的器物包好，保持土壤湿润，半个多月可生根，约2个月后切断，栽于地里，待成活后定植。

3. 移栽

春、秋两季均可定植，选无风或雨后晴天进行。以实生苗进行移栽，按株行距3.5m×5m，每667m^{2}栽25~30株；以嫁接苗进行矮化密植栽培，按株行距3m×3.2m或4m×2.2m，每667m^{2}栽74~84株。移栽时穴内施足腐熟堆肥，每穴植苗1株。根要伸直，填土后将苗轻提，然后压实，覆土，浇水。培土或立柱防止倒伏，苗长稳时撤除。

4. 田间管理

（1）中耕除草。幼龄树一年进行3~4次，第一次在春季展叶期时进行；第二、第三、第四次分别在6月、7—8月、9月进行。夏季杂草生长旺盛，有杂草应及时清除，在植株根际周围除草宜浅，其他地方宜深，避免伤根。成龄树1年进行1~2次，成林园要求无草，春季应多锄浅锄，防止积水霉根；夏季应深锄，以利抗旱；秋季宜深翻越冬，结合深翻，增施有机肥，促使土壤熟化，同时有利风化土壤和冻死越冬害虫。如果间作有短期农作物，可结合间作物田间管理进行。

（2）追肥。幼树每年结合中耕除草追肥 2 次，春秋各 1 次，以腐熟粪水、饼肥、有机肥为主，辅以少量磷、钾肥。成年树每年追肥 4 次，即春肥（春分前后），沿树冠开深 12～15cm 的沟，每株施入腐熟粪水或有机肥，以促使花芽分化和抽发春梢；壮果肥（谷雨）也宜沟施，每株施入氮磷钾复合肥，以减少因营养不良而引起的落果现象，提高坐果率；采果肥（大暑）宜盘施，沿树冠开圆盘，深 12cm 左右，每株施入腐熟粪水加尿素和过磷酸钙，以促进抽发秋梢，增强抗旱能力，防止落叶，翌年多开花结果；冬肥（寒露至霜降）结合扩穴改土，沿树冠，挖 50cm 深、40cm 宽的沟，除施入腐熟厩肥或土杂肥外，每株增施适量饼肥、磷肥等，以促进花芽分化，提高结果率。第一、第二次追肥与果实发育密切相关，宜早不宜迟。施肥量根据树龄、土壤肥沃程度、肥料的质量而定。幼树可量少，随着树龄增长，逐渐增加施肥量。

（3）整形修剪。酸橙生长势强，丛生性强。通过整形修剪培育丰产树型，使树冠丰满；减少病虫保持高产稳产；更新树冠延长结果期。修剪好的树要求做到“远看像把伞，近看稀稀散，不出大空洞”。修剪的伤口要平滑，大伤口要修圆凹面，以利于愈合，减少病虫害感染；小伤口不留残桩，以免再发新芽。

①幼树的培育。定主干 40cm 左右，培养 3～4 个强壮枝梢为主枝，以自然开心形或圆头形培养树冠。对主枝上生长不当的芽要及时除去，对强壮夏、秋梢进行摘心，促进分枝。开花后的 2～3 花蕾应该清除，以利于营养生长，以后可保留下部果实，疏去树冠上部枝梢的花蕾，促进树冠的生长，使树枝条分配均匀，生长充实。注意平衡营养生长与生殖生长的关系，以培养丰产树

型为主。

②成年树修剪。酸橙树进入结果期，以改善树冠中的光照和通风条件、减少病虫害为目的进行修剪。每年雨水至清明及立冬前后是修剪的最佳季节，必要时增加夏剪。剪去病虫枝、枯枝、重叠枝、密生枝、交叉枝、下垂枝等，徒长枝根据其位置和利用价值确定剪除或利用。受冻害的树，只能剪枯枝，尽量保留叶面，剪后加强施肥等管理，尽快恢复树势。

（4）灌溉排水。定植初期应视气候情况进行浇水。成林后一般不需浇水。花果期若遇天气干旱或降水过多时，均会造成大量落花、落果等现象，要及时做好灌溉和排水工作。

（5）间作、套种酸橙在栽培初期可间作豆类、薯类、蔬菜等矮秆浅根作物或者车前草、金钱草、半夏、鱼腥草等草本中药材，以短养长，但套种作物与幼树应保持一定距离，不能影响酸橙生长。成林酸橙可套种牧草作绿肥。套种作物收获后，将苗秆翻入土中作肥料。这样可以增加收入，提高经济效益，又可以以耕代抚，促进幼林生长。

【采收加工】

1. 枳壳

（1）采收。7 月下旬至 8 月上旬每天早晨采摘未成熟或近成熟、果皮尚绿的果实。若果实成熟，皮薄瓤多，气味不佳，影响质量。

（2）加工。

①切制。趁鲜自中部横切成两瓣，晒干或烘干。

②干燥。晒干时白天晒其剖面，晚间逐个翻转露其外皮，如此日晒夜露，直至干燥。烘干时注意火候，以防焦煳。

2. 枳实

5—6 月每日早晨拣落地幼果或者疏果后的幼果加工，自中部横切为两半，晒干或低温干燥，较小者直接晒干或低温干燥。

第六节　栝　楼

【别名】栝蒌、药瓜、咳嗽瓜、杜瓜、大圆瓜，如图 6-6 所示。

图 6-6　栝楼

【药用部位】以干燥成熟果实入药。干燥成熟种子入药，为栝楼子。干燥成熟瓜皮入药，为栝楼皮。干燥块根入药，为天花粉。

【种植技术】

1. 选地整地

因根系入土可深达 1m 以上，故以土层深厚、疏松肥沃、排水良好的沙质壤土为宜，最好在肥沃的大田种植，也可利用房前屋后、树旁、沟边等地种植，但效益不高。不宜选择盐碱地及低洼地栽培。在上一年封冻前根据地形，按行距 150cm，开深 80cm、宽 50cm 的种植沟或挖穴，翻出的土要晒干透，然后一层一层地逐次填入沟内，使土壤充分风化熟透。结合晒土填土，用腐熟厩肥、土杂肥、饼肥、过磷酸钙等混合堆沤过的复合肥于沟内作基肥，每 667m^{2}施 2 000~3 000kg，然后将面土与肥料拌匀，待栽植。整平地块四周，开好排水沟。

2. 繁殖与育苗

常用的有种子繁殖、分根繁殖、压条繁殖3种繁殖方法，以前两者为主。根据不同生产目的，用种子或不同性别植株的根部繁殖。种子繁殖易产生变异，当年无收益，效果差，只作为采收天花粉和培育新品种所用。生产果实以分根繁殖为主。

（1）分根繁殖。用块根分根繁殖需消毒催芽，有一定的技术性，需要有经验的瓜农或技术人员集中育苗。一般北方于3—4月，南方于10月至12月下旬进行分根繁殖。选择品种优良、生长健壮、无病虫害、生长3~4年的植株，挖出块根，选择直径在5~6cm的根茎，将其折成5~6cm长的小段作为种根（根茎应选择断面白色新鲜者，断面有黄筋的老根不宜作种根），折断的块根稍微晾晒，使伤口愈合才能栽种。可直接栽种，按行株距1.5m×50cm左右开穴，穴深10~12cm，每穴放一段种根，覆土4~5cm，用手压实，再培土10~15cm，使其成小土堆，以利于保墒。栽后20d左右开始萌芽时，挖开上面的保墒土。用此法应注意适当搭配约10%雄株的根，以利于授粉。

（2）种子繁殖。种子繁殖具有采种、留种、播种方便，省时、省工的特点，但品种易混杂，而且开花结果也晚，难以控制雌雄。故产区用种子繁殖的，主要是密植以收获天花粉为主。水肥充足的，当年即可收获块根。

①种子处理。宜选橙黄色、果大的栝楼的成熟果实，放通风处晾干；可在未干时取出种子，洗去糖质后晒干，妥善保存以待播种。播种前用40~50℃温水浸泡种子48h（中间换水2~3次），再用湿沙混匀放在20~30℃下催芽（也可不催芽直接下种）20~30d，待大部分种子裂口后即可播种。

②播种方法。在准备好的苗圃地，按行距15cm左右开深5cm的沟，将种子按株距10cm播入沟内，覆土盖平，踏实，保持土壤湿润。待幼苗出土后加强管理，秋季地上部分枯萎后或翌年春季即可移栽。若以收果实为目的，应多用雌株，并适当搭配

一定数量的雄株以供栽种后授粉。

（3）压条繁殖。一般在5月下旬进行，但较少用。选择三四年生、生长健壮、产量高的栝楼作母株，将藤蔓弯曲埋入土中，间隔2~3节在一节上覆盖10~12cm厚的细肥土，两个月左右便能生根。将节剪断，加强管理，促发新枝，翌年春季进行定植。

3. 移栽

一般惊蛰前后10d左右将培育好的块根种苗挖出，清明前后10d左右秧苗要移栽到大田。肥沃的大田一般每667m^{2}种植150棵；较差的大田每667m^{2}种植200棵。行距3m以上，株距1.5m左右为宜。

4. 田间管理

（1）中耕除草。栝楼早春生长较快，并很快封棚，杂草较少。每年春冬季各进行1次中耕除草。生长期间视杂草滋生情况及时除草。

（2）追肥。栝楼喜肥，每年结合中耕除草进行追肥，以追施人畜粪尿和复合肥为主，冬季应增施过磷酸钙。施肥时应远离植株根部一尺左右，以防肥害。

（3）搭架。可在整地时把架子搭好，亦可当茎蔓长至30cm以上时，可用竹子、树木或水泥柱等作为支柱搭架；棚架高以1.8m左右为宜，棚架顶部用钢丝拉成网眼1m左右的大网，然后尼龙网（栝楼专用）覆盖。钢丝尼龙网结构的架面省时省力，通风性能好，是现在主产区瓜农普遍采用的方法。也可用其他材料代替。

（4）上架修枝。当茎蔓生长到30cm时应除去多余的茎蔓，每一株保留壮蔓1~2根。用长秸秆或树枝等将茎蔓引上架。当主蔓长到3~4m时，摘去顶芽，促其多生侧枝。根据栽培的目的及生长的情况，对上架的茎蔓应及时整理，使其分布均匀。

（5）人工授粉。在雄株较少时要人工授粉，以提高结果率，在开花期 8—9 时，用新毛笔或棉花蘸取雄花粉粒，向雌花的柱头上授粉。也可将粉粒浸入眼药水瓶内，滴在柱头上。一朵雄花一般可供 10~20 朵雌花授粉。

【采收加工】

1. 栝楼

栝楼栽种后 1~2 年后开始结果，秋分前后果实先后成熟。当果实呈淡黄色时，便可分批采摘。采摘后，把茎蔓连果蒂编成辫子挂起晾干，或将鲜瓜用纸包好挂起晾干，即成全栝楼，勿暴晒烘烤，否则色泽深暗，晾干则色泽鲜红。一般产干果 200~400kg/667m^2。

2. 栝楼皮

将成熟的果实剖开，取出瓜瓤和种子，果皮晒干或烘干，即成栝楼皮。

3. 栝楼子

瓜瓤和种子加草木灰用手反复揉搓，在水中淘净瓜瓤，晒干即成栝楼仁。

4. 天花粉

一般于栽后第三年采挖，以生长 4~5 年者为好，年限再长，品质会下降。霜降前后采挖最好，挖时沿根的方向深刨细挖，取出后去掉芦头，洗尽泥土，趁鲜刮去粗皮，切成 10~15cm 长的短节，粗的可纵剖为 2~4 块，晒干或烘干。

第七节　五味子

【别名】北五味子、辽五味子、山花椒、乌梅子、软枣子，如图 6-7 所示。

【药用部位】以干燥成熟果实入药。

图 6-7 五味子

【种植技术】

1. 选地整地

选择潮湿的环境、疏松肥沃的壤土或腐殖质土壤，有灌溉条件的林下、河谷、溪流两岸、15°左右的山坡，荫蔽度为 50%~60%，透风透光的地方。选好地每 667m^{2}施基肥 2 000~3 000kg，深翻 20~25cm，整平耙细，育苗地作畦，畦宽为 1.2m、高为 15cm、长为 10~20m。移植地穴栽。

2. 繁殖与育苗

野生五味子除了种子繁殖外，主要靠地下横走茎繁殖。生产上多采用种子进行繁殖，亦可用压条、扦插繁殖和根茎繁殖，但生根困难，成活率低。

(1) 种子繁殖。

①种子的选择。五味子的种子最好在 8—9 月收获期间进行果穗选留，选留果粒大、均匀一致的果穗作种用。单独晒干保管，放通风干燥处贮藏。

②种子处理。室外处理。秋季将选作种用的果实，用清水浸泡至果肉胀起时搓去果肉，同时可将浮在水面的瘪粒除掉。搓去果肉的种子再用清水浸泡 5~7d，使种子充分吸水，每两天换 1 次水，浸泡后，捞出种子控干，与 2~3 倍于种子的湿沙混匀，放入已准备好的深 0.5m 坑中，上面盖上 10~15cm 的细沙，再盖上

柴草或草帘子，进行低温处理。翌年 4—5 月即可裂口播种。处理场地要选择地势高且干燥的地点，以免水浸烂种。室内处理。2—3 月，将湿沙低温处理的种子移入室内，装入木箱中进行沙藏处理，其温度保持在 5~15℃，当春季种子裂口即可播种。

③播种。一般在 5 月上旬至 6 月中旬播种经过处理已裂口的种子，条播或撒播。条播行距 10cm，覆土 1~3cm。每平方米播种量 30g 左右。也可于 8 月上旬至 9 月上旬播种当年鲜籽。即选择当年成熟度一致，粒大而饱满的果粒，搓去果肉，用清水漂洗，控干即可播种。

④苗田管理。播后搭 1~1.5m 高的棚架，上面用草帘或苇帘等遮阴，土壤干旱时浇水，使土壤湿度保持在 30%~40%，待小苗长出 2~3 片真叶时可逐渐撤掉遮阳帘。并要经常除草松土，保持畦面无杂草。翌年春或秋季可移栽定植。

（2）扦插繁殖。于早春萌动前剪取坚实健壮的枝条，截成 12~15cm 的长段，截口要平，下端用 100mg/kg 萘乙酸处理 30min，稍晾干，斜插于苗床，行距 12cm，株距 6cm，斜插入的深度为插条的 2/3，床面盖蓝色塑料薄膜，经常浇水。也可在温室用电热控温苗床扦插，床面盖蓝色塑料薄膜和花帘，调温、遮光，温度控制在 20~25℃，相对湿度为 90%，荫蔽度为 60%~70%，生根率在 38%~87%，翌年春季定植。

（3）根茎繁殖。于早春萌动前刨出母株周围横走根茎，裁成 6~10cm 的段，每段上要有 1~2 个芽，按行距 12~15cm，株距 10~12cm 栽于苗床上，翌年春季萌动前定植于大田。株行距同移栽。

（4）压条繁殖。秋冬季植株休眠期或早春萌发前进行。选择五六年生、生长健壮、产量高的五味子作母株，将近地面的一年生枝条弯曲埋入土中，覆盖 10~12cm 厚的细肥土，并用枝杈固定压紧，使枝梢露出地面，若枝条长，可连续弯曲压入土中。压后需浇水施肥，秋后即可将发根的压条苗截离母株定植。

3. 移栽

于秋季五味子叶片变黄脱落或春季土壤解冻后还未萌发前进行移栽。按行株距120cm×50cm穴栽。为使行株距均匀可拉绳定。在穴的位置上做一标志，然后挖成深30~35cm、直径30cm的穴，每穴栽1株，每穴施适量腐熟厩肥或土杂肥，与整地挖穴时的表层肥土拌匀施入，每穴栽苗1株，栽时要使根系舒展，防止窝根与倒根，覆土至原根系入土深稍高一点即可。栽后踏实，灌足水，待水渗完后用土封穴，再覆草保湿，以利成活。15d后进行查苗，未成活者补苗。秋栽者翌年春苗返青时查苗补苗。

4. 田间管理

(1) 中耕除草。定植后到封架郁闭前，可间作豆类、薯类、蔬菜等矮秆浅根作物或者当地适宜的草本中药材，以耕代抚，以短养长，但套种作物与幼树应保持一定距离，不能影响五味子的生长。每年以春、夏、秋各进行中耕除草1次，前期宜浅锄，避免伤根，后期可深锄，有利于根系生长。以后每年春夏之交中耕除草1次，每3~4年于秋后深翻土1次，结合翻地施基肥，促使土壤熟化。

(2) 追肥。五味子喜肥，孕蕾开花结果期除了供给足够水分外，需要大量肥，一般1年追2次，第一次展叶前，第二次开花前，每株追施腐熟农家肥5~10kg，距根部30~50cm，周围开15~20cm深的环状沟，勿伤根，施后覆土。第二次追肥，适当增加磷钾肥，促使果成熟。

(3) 整形修剪。

①春剪。一般在枝条萌发前进行。剪掉过密果枝和枯枝，剪后枝条疏密适宜。剪去超出立架的枝条，促进侧枝的生长，便于采收和管理。

②夏剪。6月中旬至7月中旬进行。主要剪掉茎生枝、膛枝、重叠枝、病虫细软枝等。对过密的新生枝也应进行疏剪或剪短。

③秋剪。落叶后进行，剪基生枝、衰老枝、病虫枝。3次剪

枝都要注意留 2~3 个营养枝作主枝，培育更新主蔓。

（4）灌溉排水。五味子喜湿润，要经常灌水，开花结果前需水量大，应保证水分的供给。雨季积水应及时排出。越冬前灌 1 次水有利越冬。

（5）搭架。移植后翌年应搭架，可用木杆，最好用水泥柱和角钢做立柱，1.5~2m 立一根。用粗细适宜的铁丝在立柱上部拉一横线，每一主蔓处斜立一竹竿，高 2.5~3m，直径 1.5~2cm，用绑绳固定在横线上。然后按左旋引蔓上架，开始可用绳绑，之后可自然缠绕上架。

【采收加工】

1. 采收

五味子实生苗 5 年后结果，无性繁殖 3 年挂果，一般栽植后 4~5 年大量结果，8—9 月果实呈紫红色摘下来晒干、阴干或烘干。

2. 加工

晒干时，要不断翻动，直到全部干燥。烘干时注意保持合适的温度，开始时温度在 60℃左右，烘至半干时将温度降为 40~50℃，当达到八成干时，可以拿到室外进行晾晒。

第七章　种子类中药材

第一节　决　明

【别名】草决明、马蹄决明、羊角豆、野青豆等，如图 7-1 所示。

图 7-1　决明

【药用部位】以干燥成熟种子入药。

【种植技术】

1. 播种

（1）选地整地。春分前后，选肥沃的平地或向阳坡地。在选好的地块中，深耕 25cm，每 667m^{2}施圈肥 1 000～3 000kg，捣细撒匀，将肥翻入土中，耙细整平，作 1m 宽畦，以备播种。

（2）播种。繁殖方法用种子繁殖。常选择小决明这个品种种植生产决明子。种荚中种子有大、有小，结实程度有差异。主要选种子大、结实、无病虫害的作为种子。

2. 田间管理

（1）间苗松土。苗高 6～10cm 时，按株距 15cm 间去弱苗；苗高 15cm 时，按株距 45cm 定苗，同时结合进行松土；苗高 30cm 左右时，可适当加深中耕，以保持土壤疏松、无杂草。植株上部分枝封垄后，停止松土中耕。松土时注意将土培在植株根旁，逐渐形成小垄，防止被大风吹倒。

（2）追肥浇水。一般播种后 6～7d 即可出苗。出苗后如遇干旱，适当浇水，定苗后，除追肥后浇水外，一般不需要浇水。定苗后进行第一次追肥，将圈肥（数量不限）与尿素混合拌匀，撒于行间或穴旁；浅锄一遍，以土盖肥。第二次追肥在"立秋"前后，每 667m^2施尿素或硫酸铵等少量化肥均可，施于行间。追肥时注意不可将化肥撒到植株的茎叶上，追肥后需要立即浇水。7—8 月，如发现有不开花的植株，应及时拔除，以免消耗地力。

【采收加工】决明子的采收在"寒露"前后，荚果呈黄褐色时收获。割下全株，晒干后，打下种子，去净果皮、杂质，即可供药用。

第二节　草豆蔻

【别名】草蔻、豆蔻、漏蔻等，如图 7-2 所示。

【药用部位】以干燥近成熟种子入药。

【种植技术】

1. 播种

（1）选地整地。选择林下或有树木遮蔽、气候温度湿润、雨季长、降水量充沛、疏松肥沃的沙质壤土进行种植。冬季清除杂草，调整荫蔽度为 40%～50%，深翻土壤 20～30cm。晒土后，每 667m^2施入厩肥 2 000 kg 作基肥，整地作畦，一般畦宽 1.3～1.5m，畦高 15～20cm，四周开沟，沟深 10～15cm。与表土拌匀后待植。

图 7-2 草豆蔻

（2）繁殖方法。有种子繁殖和分株繁殖。

①种子繁殖。选择生长健壮且高产的植株丛作为采种母株，待果实充分成熟时采摘饱满且无病虫害的果实作种，宜随采随播。播种前先将果皮剥去，洗净果肉，用清水浸种 10～12h，然后用粗沙与种子充分搓擦，以擦掉假种皮；或用 30%的草木灰与种子团拌和，将种子搓散，除去表面胶质层。种子可晾干保存至翌年春季播种。棚种苗圃应选择靠近水源、土壤肥沃疏松、排水性能良好的地段。土壤翻耕后以腐熟干牛粪与表土充分混合，耙平后起畦，畦宽 1～1.5m，畦长视地形而定。条播行距 20cm，播种深度 2～3cm，播种后用稻草或杂草覆盖，淋水保湿。苗圃应搭棚遮阴，苗床的荫蔽度为 50%左右。出苗时揭去盖草，苗期注意保持土壤湿润，随时清理落叶，拔除杂草，可施少量草木灰和 2～3 次充分腐熟的人畜粪尿，以促进幼苗生长。

②分株繁殖。选取一年生健壮母株，在春季新芽萌发而尚未

出土之前，将根茎截成长 7~8cm 的小段，每段应有 3 个芽点。截取的芽根栽于苗圃中，待新芽出土后定植。

（3）定植。种子苗长到 30cm 后定植，或培育 1~2 年后定植；分株苗萌发出土后定植。定植季节一般在 4 月上旬前后，按株距 150cm，穴宽约 30cm，深约 15cm，选阴天或小雨天时定植，每穴栽苗 1~2 株，分株苗 1 丛，覆上肥沃细土，并压实。定植后若遇干旱天气，应浇水盖草，以提高成活率。

2. 田间管理

（1）除草、割枯苗。定植后封行前，每年夏、秋、冬季各中耕除草 1 次，及时割除枯残茎秆。若植株生长密度过大应进行疏枝，及时拔除杂草，注意不要伤幼茎和须根，以利于植株生长。收果后，及时除去枯、弱、病残株。密度过大的，多剪一些弱苗。

（2）追肥、培土。定植初期和初出果后，应重施人畜粪尿或硫酸铵水溶液，以促进苗群生长。进入开花结果期，应施氮、磷、钾全肥，并配合施土杂肥、火烧土等；也可在结果期用 2% 过磷酸钙水溶液作根外追肥，以促苗促花，增大果实，提高结果率。草豆蔻为浅根系植物，须根多，常散生在土表，在秋冬施肥后进行培土，但不宜过厚，以免妨碍花芽抽出。

（3）灌溉排水。高温干旱会引起叶片卷缩、萎黄，植株生长纤弱；若花期遇干旱，则花序早衰，开花少，花粉和柱头黏液也少，造成授粉不稳或幼果干死，此时要及时灌溉或喷洒，增加空气湿度。雨季要修好排水沟，以免积水引起烂根烂花。

（4）调整荫蔽度。林下种植在透光度不足时，应在不影响林木生长的情况下适当修枝，调整荫蔽度。育苗阶段要求 80%~85%荫蔽度，开花结果阶段，则要求 70%的荫蔽度，入冬时可增加到 80%。

（5）人工授粉。草豆蔻花朵结构特殊，不易进行自花传粉或异花授粉，故需要人工辅助授粉。在正常气候下，7 时以后开花，

8时以后陆续散粉，10时花粉达到成熟，故人工授粉应在每天8—12时进行为宜。具体方法是用竹签挑起花粉涂在漏斗状的柱头上即可，花粉多时挑1朵花的花粉可授2~3朵花。

【采收加工】

1. 采收

在夏秋季节，当草豆蔻果实开始由绿变黄近成熟时进行采收。

2. 加工

收获后，晒至八九成，剥去果皮，取出种子团，晒至足干。或将果实用沸水略烫，晒至半干，再剥去种皮，取出种子团，晒干。

第八章　皮类中药材

第一节　杜　仲

【别名】丝棉树皮、玉丝皮、丝连皮等，如图 8-1 所示。

图 8-1　杜仲

【药用部位】以干燥树皮入药。另外，杜仲的干燥叶作“杜仲叶”入药。

【种植技术】

1. 选地整地

育苗地宜选地势向阳、土质疏松肥沃、湿润、排灌方便、微酸性至中性的沙壤土的地方。土壤瘠薄黏重、含沙砾过多及病虫害严重的土地不宜育苗。育苗地应于冬季深耕土地，播前每 $667m^2$ 施入腐熟厩肥或土杂肥 3 000~4 000kg。整平耙细后，作高约 20cm、宽 120cm、沟宽 30cm 的苗床，以待播种。种植地选好后，应进行全面整地，先清除一切杂草灌木，集中烧毁作基肥，随即全面翻地深达 30cm，并将这些表层肥土翻堆在适宜的地方，以便植苗时垫入穴底作肥用。

2. 繁殖方法

杜仲的繁殖方法分种子、扦插、埋根、分株、压条、嫁接繁殖等，生产上以种子繁殖为主。

（1）种子繁殖。

①采种和种子处理。应选生长健壮、树干通直、树皮光滑、叶大皮厚、无病虫害、未剥皮利用的 15 年生以上、树冠紧凑的树木作采种树。10 月下旬至 11 月上旬，当杜仲树叶大部分脱落，果实的果皮呈褐色、棕褐色或黄褐色时，选无风或微风的晴天，先在树冠下铺上竹席或布，再用竹竿轻敲树枝，使种子落在竹席或布上，然后收集种子薄摊于通风阴凉处晾干，切不可置烈日下暴晒或烘烤。杜仲种子寿命只有 1 年，生产上多采用春播。杜仲在播种前用水选法精选种子后随即进行层积催芽处理约 60d，待种子露白时就可播种。种子水选方法是将种子在冷水中浸泡 8h，沉降水底的种子为上等；浸水 24h，开始下沉的种子为中等；其余浮在水面和悬浮水中的种子为下等。如播前来不及层积催芽，也可采用水浸处理，即在播前将种子置于 20~30℃ 温水或冷水中浸泡 2~3d，每天换水 1 次，待种子膨大呈萌芽状态时即可播种。

②播种育苗。一般在 3 月上旬，当气温已稳定在 10℃ 以上时，即可开始播种，宜早不宜迟，最迟不超过 3 月中旬。在整好的苗床上，按行距 30cm 开横沟，深 3~5cm，播幅 10cm，在沟内均匀撒入种子，每 $667m^2$ 用种量 6kg 左右，播后覆细土或火土灰，厚约 2cm，再盖草保温、保湿、防霜冻。层积催芽的种子播后 15d 左右即可出苗，浸种催芽的干藏种子则需 30d 左右。苗高 3~

4cm 时，揭除床面盖草，并进行松土除草，幼苗长有 2～4 片真叶时间苗，使株距保持在 10cm 左右，并进行第一次追肥，每 667m^2 施入稀薄的人畜粪尿 100kg 或尿素 45kg，促进幼苗生长；第二次追肥在 5 月中旬进行；第三次于 7 月上旬进行，均以氮肥为主，每 667m^{2}施尿素 6～8kg；第四次追肥在幼苗长有 10 片真叶时，于夏末秋初，在施氮肥的基础上，适当增施草木灰或过磷酸钙等磷、钾肥，促使苗木生长粗壮。当年冬季或翌年春季，即可出圃定植。每 667m^{2}可产苗木 2 万～2.5 万株。

（2）扦插繁殖。扦插繁殖分枝插与根插。

①枝插。又分硬枝扦插与嫩枝扦插两种。

硬枝扦插。一般于春季室外温度达到 10℃以上时进行。插条应选树冠中上部芽体饱满的一年生健壮枝条，将其截成 10～15cm 长的枝段，每段需要具有 3 个节以上，上端离芽 1～1.5cm 和下端近节下均平切。为加快生根，可将插条下端放在 200mg/kg ABT 生根粉溶液中浸泡 1h，然后按一定的株行距插入整好的苗床上，直插，插入后于两侧压实，淋透水并覆土，使芽露出床面，然后搭设 30～35cm 高的塑料薄膜拱棚，以保湿、遮阴。

嫩枝扦插。一般于 5 月上中旬，气温不高于 35℃时进行，选用当年生或根部蘖嫩枝扦插。于清晨剪枝，插穗基部削平，保留 6～8 片叶，并用湿毛巾包好置于阴凉处备用。可于塑料大棚内扦插，也可搭设小塑料拱棚扦插。为提高生根率，将插段下端放在 200mg/kg ABT 生根粉溶液浸泡 30min。方法同硬枝扦插，扦插深度可为插条长度的 1/2～2/3，插后淋透水，遮阴，勤喷水保湿，并注意调节棚内温度。插后约 1 个月，便可生根，比硬枝扦插提前 10～15d，同时成活率为 90%左右，比硬枝扦插高 20%以上。

②根插。利用根段插入土壤或其他基质，由根部下端断面愈伤组织或根段皮部萌芽长成新苗。插根的长度、粗度对苗木成活率及其以后生长发育状况均有较大的影响，通常选用一二年生，长 8cm、粗 0.5cm 以上的根段。按照上述硬枝扦插方法，将根段

插入整理好的苗床上，上端露出地面0.5~1cm，待萌芽长到5~7cm时再分期培土，固苗壮苗。只要管理得当，秋后苗高可达80~100cm，地径0.5~0.7cm，当年冬季到翌年春季即可出圃定植。

（3）埋根繁殖。春季起苗时，将一些长根截断，在圃地留存部分残根，然后沿苗行开挖底小口大的"V"形沟，沟深15~20cm，沟宽20cm，沟土堆置于行间，使断根端部露出，并用利刀从断根端部斜劈成裂口，以扩大创伤面，促其伤口周围和端部多生萌苗；然后用塑料薄膜覆盖沟面，以保湿保温。幼苗萌发后立即揭开薄膜，以免灼伤萌苗，并注意沟内排水。随着萌苗生长，相应填培混有尿素的湿润细土（每100kg细土需混有尿素5kg）2~3次，每次填土，先填于丛苗之间，促其散开生长，后填入丛苗四周，促进根系扩展，秋后或翌年春季即可分离丛生苗定植。

（4）分株繁殖。为促进杜仲根蘖萌发，可于早春对母株进行松土、施肥及适当断根等处理，待断根上萌生不定芽后再疏密、去弱留强，促进根蘖生长旺盛。选择母株基部生长健壮、高达30cm以上的萌蘖，挖开根际土壤，在其与母株连接处横割苗茎，深达其粗度的1/2~3/5，后握住苗木中、下部向切口反向缓压，促其萌蘖从切口处向上撕裂，待裂口长达5cm时停压，在裂缝处夹一竹片或石块，再培土施肥，以促进萌蘖发根生长，翌年春季切口基部长出枝条细根后，连根带茎切下萌蘖苗木定植。

（5）压条繁殖。一般于10月进行，也可在翌年春季2—3月选择已进入旺盛生长时期、抽生萌蘖多而健壮的植株作为压条母树，在压条母树上选用距离地面近、无病虫害的一二年生枝为压条，压时先将枝条弯曲至地面，并就近割裂枝条形成层及木质部的1/3，埋入15cm深的穴内，覆土压实，露出地面的枝梢，用石块压住，最后堆壅疏松而肥沃的土壤，待长出新根后，便可与母株切离定植。

（6）嫁接繁殖。嫁接繁殖对杜仲良种选育、建立无性系种子园具有重要意义。杜仲嫁接繁殖的方法很多，有枝接、芽接、根接等，生产上多采用枝接法。枝接又分切接、劈接等方法，一般采用切接法。通常于春季树液开始流动至芽萌动期间进行，用一二年生健壮苗作砧木，在距地面5cm处截平，选择较平滑的一侧，在离切口边缘约4mm处（稍带木质部）垂直向下切一长5~6cm的切口，再选取长约10cm带有2个芽的枝段作接穗，于接穗下端削45°的马蹄形短斜面，长约2cm，再于背侧稍带木质部斜向下削出长约1cm的皮部，形成长削面，将削好的长削面向着砧木木质部，使砧、穗形成层至少有一侧密切吻合而插入砧木切口，最后用塑料薄膜带将接口连同砧木截面全部包扎，不留空隙，春季干旱，风大之处，最好用细潮湿土覆盖砧穗组合部。

（7）移栽定植。杜仲定植在冬春季均可进行。定植密度（株行距）为3m×4m，每667m^2栽植56株，采用这样的密度，便于土壤管理及农（药）林间作，有利于林木的加粗生长，能提早达到速生高产的目的。定植所用苗木要求高100cm、地径0.8~0.9cm、根系完整。起苗需带宿土，苗木大小要分级，分区栽植，雌雄株要搭配好，一般雄株占15%，以利授粉。定植时，要施好底肥。根据造林地肥力情况来确定施肥量。肥沃的造林地，每株施腐熟厩肥或土杂肥120kg，磷、钾肥各为1.2kg；贫瘠的造林地，每株施厩肥150kg，磷、钾肥各为1.5kg。肥料要与深翻整地的肥土按1∶3的比例混合拌匀分中、下两层施下，以中层为主，其施肥量应占全株施肥量的3/5。下层施肥厚度是30cm，踏实后，盖上一层20cm厚的风化土，再踩实，接着施中层肥约1cm厚，按25cm一层踏实后覆上一层20cm厚细土，再在其上挖一小穴，将苗木摆在小穴内，扶正，栽时要使苗木所带土团紧贴穴内泥土，不致留有空隙，再覆土20cm厚踏实。为防止雨后槽内松土下沉积水影响苗木成活，必须使定植点和非定植点高出地面30cm。苗木栽好后，浇足定根水，上覆一层细土，最后覆盖20cm厚的杂草或枯枝落叶，以保湿保墒。

3. 田间管理

（1）间作。在杜仲郁闭前，利用株、行间种植农作物或耐阴的药材，不仅可增加收益，而且通过对农（药）作物的耕作，还能促进杜仲加速生长，提早达到优质高产标准。

（2）中耕除草。林木郁闭后，间作停止，林地定会滋生杂草，每年应中耕除草 2 次，第一次在 4 月中下旬进行，第二次在 6 月下旬至 7 月上旬进行，除去的草可埋于树木株行间或其根际周围，以提高土壤肥力。

（3）扩槽深翻改土。杜仲苗定植后，由于土壤疏松肥沃湿润，到生长末期，其根系可伸展到槽边，为促使其在 2~3 年内形成强大根系，应于定植当年秋后将造林地扩槽深翻改土，其深度与整地时一致，要求边翻土、边施肥，一般每 667m^2 施厩肥或土杂肥 6 000~10 000kg，全面深翻，以后每隔 3~4 年进行 1 次。每次深翻改土，应根据全林根系分布情况，只在 30cm 厚的表土层内进行，以免过多损伤根系，不利于生长。

（4）追肥。要使杜仲速生高产，需要有足够的肥料，除定植和扩槽深翻改土时施好基肥外，每年还需在要生育期间追肥 2~3 次。第一次在 4 月上中旬进行，此时正值杜仲花期和新梢抽出期，枝条内养分含量达到最低值。第二次在 6 月上中旬进行，此时是枝叶旺盛生长时期。根据树体大小，每次每株施尿素 0.2~1kg、过磷酸钙 0.05~0.5kg。第三次在 11 月上中旬进行，每株施腐熟厩肥或土杂肥 150~200kg，以恢复树势，为翌年加速生长打基础。施肥方法是在杜仲根际周围挖沟施入。

（5）灌溉与盖草。在有条件的地方，根据杜仲生长发育特性，如土壤干燥，应及时进行灌溉。若在山地种植，因受条件的限制，为了保墒抗旱，应在栽植苗木覆草的基础上，于每年 5 月中旬及 8 月上旬各盖草 1 次，以扩大面积和增强厚度。

4. 除芽修剪

杜仲的新梢在生长期末因顶端分生组织生长缓慢，顶芽瘦小或不充实，到冬季干枯死亡，翌年春季再由顶端下部的侧芽取而代之，继续生长，每年如此循环往复，均由侧芽抽枝逐段合成主轴，故其分枝方式称为合轴分枝。如任其生长，形成多杈树干，不符合生产要求，所以在定植后要尽早摘除茎干下部侧芽，只留顶端 1~2 个健壮饱满侧芽。同时，对从近地面干部生出的侧枝，应保留 5~6 个旺盛芽，其余的剪除，以保证主干正常生长。

5. 截顶、整枝

在集约栽培管理条件下生长速度加快，定植 6 年后，树高可达 7m 左右。这时就应抑制其高度生长，剪除主干顶梢，并修剪密生枝、纤弱枝、下垂枝，以利养分集中供应主干和主枝，促进加粗生长，使皮层增厚，提前采收。

6. 纵伤树皮

为促进杜仲主干加粗、树皮增厚，定植 5 年后，当其胸径达到 5cm 左右时，于每年 5 月上旬用锋利刀尖从其枝下高处起，顺着主干向下割划，直到接近地面为止，深度以不损伤形成层为宜。一般每树划 4 道口，以后树干加粗则相应增加道口，翌年再划时，伤口线应与第一年伤口线错开，以利于愈合。纵伤后，立即用 100mg/kg ABT 2 号生根粉溶液从上往下喷雾被划伤的树干，使药液由伤口渗入树皮内，以起到刺激其薄壁细胞分裂和生长的作用，促进树干增粗，树皮加厚。

【采收加工】

1. 采收

杜仲定植后生长 15~20 年，可进行剥皮。一般于 5—6 月进行。分为环状全剥和带状剥皮两种。

（1）环状全剥。先在枝下和距根际 10~20cm 处环切一周。切口的深度以割断韧皮部而不损伤木质部为宜，再于两环剖圈间浅浅地纵切 1 刀。从上切口处轻轻撬起树皮，慢慢撕开，切勿使刀片、手指等触及割面，避免碰伤形成层，致感染病菌。为使剥面加速形成新皮，需保持湿润，避免病虫害侵袭，剥皮后，随即用 10mg/kg 2,4-滴异辛酯或 10mg/kg 萘乙酸+10mg/kg 赤霉素处理剥面，同时用透明塑料薄膜包扎，上紧下松，以利排水，同时注意尽量减少薄膜与木质部的接触面积。

（2）带状剥皮。在主干垂直、对称地剥下 2 块带状的皮，或垂直剥下半周带状树皮，待新皮形成并长至与原皮厚度相同时，再次剥下另一半的树皮，每 3 年可剥 1 次。这种剥皮方法虽然皮张规格较小，但因剥后有营养输送带的存在，对树木生长发育影响较小，比较安全可靠，即使新皮不能再生，也不会导致树木死亡。

2. 加工

将剥下的树皮用开水烫后，一层层地紧密重叠置于用稻草垫底的平地上，加盖木板，上压重物使其平整，四周用稻草或麻袋、旧棉絮等围紧，使其“发汗”1 周，如树皮内面由白转为棕褐色或紫褐色，即达到发汗要求。可取出晒干压平，用刮刀刮去外表粗皮，后用棕刷刷净，即成商品。

第二节　牡　丹

【别名】牡丹、丹皮、凤丹、粉丹皮，如图 8-2 所示。

图 8-2　牡丹根

【药用部位】以干燥根皮入药。

【种植技术】

1. 选地整地

牡丹喜温暖湿润环境，适宜阳光充足、排水良好、地下水位低、土层深厚肥沃的沙质壤土及腐殖质土，但以“金沙土”即麻沙土为最好。地选好后必须精细整地，做到“三犁三耙”，深翻土壤40cm以上，使土层深厚疏松，且必须施足基肥，每667m^{2}施入厩肥或土杂肥300kg。随后，开沟作高畦，育苗地畦宽120cm，种植地畦宽200cm。沟深20cm，沟宽30cm，沟底应平整，畦面呈瓦背形。四周开好排水沟，以利排水。

2. 繁殖方法

（1）种子繁殖。

①采种与种子处理。牡丹的种子于8月中下旬陆续成熟。当果实呈橙黄色，腹部即将破裂时，采收果实，置室内阴凉处摊开，使果实后熟。当果瓣完全开裂时，即可筛出种子，切勿暴晒，种子最易失去水分，一经干燥就会丧失发芽力。选择刚采收籽粒饱满、黑色发亮、无病虫害的种子，播前用25mg/kg赤霉素溶液浸种2~4h，或用50℃温水浸种一昼夜，使种皮变软，脱脂，吸水膨胀，可提高发芽率。

②播种育苗。在整好的苗床上，按行距25cm开横沟条播，沟深6cm，播幅宽10cm，将种子拌草木灰均匀地撒入沟内，上覆细肥土约3cm厚，压紧，并在床面盖草，保持土壤湿润。如遇天气干旱，应及时浇水，翌年2—3月出苗。出苗后揭草，进行中耕除草，并施清粪水，加强苗期管理，培育1年，即可移栽。每667m^{2}用种量约80kg。也可进行穴播，穴距30cm×20cm，呈“品”字形排列，穴深7~10cm，每穴播入种子10粒，散开呈环状排列。每667m^{2}用种量约20kg。

（2）分根繁殖。一般选择三四年生健壮、无病虫害的牡丹，在9月中旬至10月上旬挖起全株，一般选择三四年生健壮、无病虫害的牡丹，在9月中旬至10月上旬挖起全株，将大根切下作药用，小根作种用。然后顺其自然生长的形状，用刀从根茎处切开，每根须留芽头2~3个，并尽量保留细根，以利成活。随即在整好的栽植地上，按行、株距50cm挖穴，穴深25cm，每穴栽1根，填土压紧，并在畦面上铺盖腐熟粪肥或枯草，以防旱防寒。

（3）嫁接繁殖。多用于生长缓慢、珍稀品种的繁殖，或多种花色嫁接于砧木上，增强观赏性，或培养微型牡丹。牡丹嫁接常用的砧木是牡丹根或芍药根，前者成活率低，成苗慢，但寿命长，抗病力强；后者成活率高，成苗快，但寿命短，抗病力差。常用的嫁接方法有地接、掘接和芽接。

①地接。即不挖出砧木，就地嫁接。将砧木的茎干距地面6~7cm处剪平，在横切面纵切1刀，然后将带2~3个芽的接穗下部削成楔形插入砧木切口内，用绳绑紧，就地培土封埋过冬。此法宜在秋季进行，注意嫁接后至出圃移栽前应在花期摘去花蕾，及时浇水松土。

②掘接。即将砧木挖出后置阴凉处，待砧木变软后再进行嫁接。将挖出的砧木顶端削平，从一侧纵切1刀，其余同前法，嫁接完毕后将其移植至苗床，深度以切口低于地面2~3cm为宜，然后培土封埋过冬，翌年春季逐渐除去封土，露出接穗以利发芽，第三年秋季即可移栽。掘接一般在9月进行成活率较高。

③芽接。从优良品种上选取健壮侧芽，将其四周环切成长方形并将其取下作接芽，然后在砧木上选取一腋芽环切成与接芽基部大小基本相同的切面，迅速将接芽贴上去，使两细芽眼对准密接，并用麻绳绑紧，使其自然愈合。此法在5—9月均可进行。

3. 移栽定植

一般于9月中下旬至10月上旬进行。在整好的栽植地上，按行、株距50cm×40cm挖穴，穴深25cm，然后每穴栽入二年生健壮根茎1株或细弱根茎2株。栽时将芽头紧靠穴壁上部，理直根茎，覆土压紧，使根部舒展。栽后浇施1次清淡人畜粪尿定根，盖土略高于畦面，以防积水，最后铺盖一层腐熟厩肥或枯草，以利防寒防旱。

4. 田间管理

（1）中耕除草。翌年春季，待牡丹萌发出土后即可揭去盖草，开始中耕除草。春夏季易生杂草，宜勤锄草、松土，做到田间无杂草。一般前两年每年锄草 3~4 次，可于 4—9 月分期进行。两年后由于植株已长大，杂草较少，可视情况进行锄草。锄草、松土宜浅，以免损伤根系。最好在雨后天晴时进行，以增加土壤的通透性。

（2）定根。翌年春季，扒开根际周围的泥土，暴露根蔸，让阳光照射，称亮根。其目的是让须根萎缩，使养分集中于主根生长，2~3d 后结合中耕除草，再培上肥。

（3）追肥。除施足基肥外，每年春、秋、冬季各追肥 1 次。若未用基肥或基肥不足，则分期追肥更为重要。宜多施富含磷、钾的肥料，如以猪、牛、羊、鸡类及绿肥等混合腐熟的堆肥，以及饼肥、骨粉、过磷酸钙等，于每年清明、白露、霜降前后分 3 次施入。施肥应严格把握“春秋少，腊冬多”的原则。施肥量可按植株大小酌情而定。第一次施用人畜粪尿，第二次施人畜粪尿加适量磷钾肥，第三次施用腐熟堆肥加饼肥、过磷酸钙等。

（4）灌溉排水。牡丹怕涝，雨季应及时清沟排水，以防积水烂根。生长期如遇干旱，可在傍晚进行浇灌，一次灌足，不宜积水。

（5）摘蕾修枝。除留种植株外，于春季将花蕾全部摘除，以使养分集中供应根部生长，可提高产量。摘蕾一般宜在晴天上午进行，以利于伤口愈合，防止病菌感染。每年于霜降时，剪去枯枝，清除枯叶杂草，运出田外堆积沤肥，既可促进植株健壮，又可减少病虫害发生。

（6）培土防寒。霜降前后，结合中耕锄草施肥时，可在植株根际培土 15cm 左右或盖一层稻草，以防寒越冬，翌年长势更盛。

【采收加工】

1. 采收

9 月下旬至 10 月上旬，选择晴天采挖移栽三至五年生的牡丹，挖时先把牡丹四周的泥土刨开，将根全部挖起，谨防伤根，抖去泥土，运至室内，分大、小株进行加工。

2. 加工

牡丹皮由于产地加工方法不同，可分为连丹皮和刮丹皮。连丹皮也叫“原丹皮”，就是将收获的牡丹根堆放 1～2d，待失水稍变软后，去掉须根，用手紧握鲜根，用尖刀在侧面划 1 刀，深达木部，然后抽去中间木心（俗称抽筋），晒干即得。若趁鲜用竹刀或碗片刮去外表栓皮和抽掉木心晒干者则称刮丹皮。在晒干过程中不能淋雨、接触水分，因接触水分再晒干会使丹皮发红变质，影响药材质量。若根条较小，不易刮皮和抽心，可直接晒干，称为丹皮须。

第三节　黄皮树

【别名】黄檗、元柏、檗皮等，如图 8-3 所示。

图 8-3　黄皮树树皮

【药用部位】以干燥树皮入药。

【种植技术】

1. 选地整地

育苗地宜选高燥背风向阳、水源条件好、排灌方便的地方，要求土层深厚、土质疏松、肥沃、排水良好的沙壤土。定植地宜选择海拔700～1 200m、空气湿度大、土壤呈微酸性至中性的深厚肥沃的山麓、溪谷等水源条件好、排灌方便的地方。地势宜平缓宽敞，坡度应在10°以下。

育苗地应于上一年冬季深翻土地，以改善土壤理化性质，春播还需精耕细作，施足底肥，每667m^{2}施腐熟厩肥或土杂肥3 000～4 500kg、过磷酸钙50kg，耙平整细后，开沟作畦，一般畦宽120cm，沟宽30cm，沟深15cm，畦面呈瓦背形，四周开好排水沟以待播种。定植地宜在造林前3～4个月进行，在全面翻地的基础上，按株行距3m×4m挖穴，穴的大小为60cm×60cm×60cm，并把挖穴的表层肥土与底土分开堆放于穴旁，使前者便于植苗时垫入穴底作肥用。

2. 繁殖方法

（1）育苗。黄皮树可采用有性繁殖（种子）和无性繁殖（根插、伤根分蘖、埋根）两种繁殖方法育苗，生产上以有性繁殖为主。

①有性繁殖。选择从优良母树上采集的种子。优良母树的标准是树龄在20年以上，树皮厚、树干较圆满通直；结果多，果重；结果大小年不明显；树冠紧凑、透光；抗逆性强，树势健壮，无病虫害。

黄皮树果实成熟后不会立即脱落，但易受鸟类啄食，应及时采收。鲜果应于清水中浸泡3～5d，待果肉软化后搓洗出种子，晾干，清除种子表面所附着的薄膜覆盖物。种子应放在通风良好的仓库内藏。黄皮树雌雄异株，在散生情况下，由于授粉不良，或因花期雨水多，故单性结实很普遍，种子空粒率为30%以上，可用水选剔除。精选种子发芽率为60%～80%。播种可分为秋播与春播，一般采用春播，多在3月中旬进行。春播的种子，一定要经过2个月的低温层积催芽处理，如因其他原因来不及低温层积催芽，可采用快速催芽法。用30℃温水浸种24h，然后捞出种子混3倍量湿沙放入背风向阳处的坑内（坑的大小可根据种子多少而定），上面盖塑料薄膜，晚间于其上覆盖草帘保温，每天翻动2次，并适量浇水，使温度保持在35℃，最高不超过40℃，经过10~15d后，当种子有30%~40%裂口时即可播种。一般采用条播，在整好的畦面上按行距25~30cm开横沟，沟深3~5cm，播幅10cm，每米播种90~100粒，每667m^{2}播种量2~3kg，覆土约2cm厚，盖草。凡经预处理的种子，播后半个月左右即可萌芽出土。幼苗出土后，要及时揭草，清除残渣，以免幼苗感染病害。

②无性繁殖。根插繁殖。一般于2月上中旬进行，挖取四年生以上、生长健壮植株根部径粗1cm以上的侧根，将其截成13~16cm长的插穗，截口要平，按株行距10cm×30cm直插在整好的畦面上。深度以插至插穗的2/3为宜，压实浇水，保持苗床湿润。加强肥水整理，约1个月生根发芽，秋后或翌年春季即可出圃定植。伤根分蘖繁殖。于冬季或早春萌发前进行，选取四年生以上生长粗壮的植株，将其根际周围泥土扒开，在较粗的侧根上，每隔10cm用刀砍伤，施以土杂肥，覆上一层薄土，1~2个月后，于伤口处萌发根蘖苗，加大肥水管理，培育1年，苗高可达100cm以上，秋后或翌年春季可带根挖取定植。埋根繁殖。春季起苗时，将一些长根截断，在圃地留存部分残根，然后沿苗行开深15~20cm、宽20cm的沟，沟土堆置于行间，使断根端部露出，并用利刀从断根端部斜劈成裂口，以扩大创伤面，促其伤口周围和端部多生萌苗；然后用塑料薄膜覆盖沟面，以保湿保温。幼苗萌发后立即揭开薄膜，以免灼伤萌苗，并注意沟内排水。随着萌苗生长，相应填培混有尿素的湿润细土（每100kg细土需要混尿素0.5kg）2~3次，每次填土，先填于丛苗之间，促其散开

生长，后填入丛苗四周，促进根系扩展，秋后或翌年春即可分离丛生苗定植。

（2）移栽定植。黄皮树育苗 1~2 年，即可定植。冬季落叶后到春季新芽萌发前均可。起苗需适当带土，保证栽一棵活一棵。植苗时，先将穴旁肥土填入穴底，然后施肥，每穴施腐熟厩肥或土杂肥 40kg，再填细土。根据其根系长短，在不窝根、分层踏实的情况下，要求定植点高出地面 20cm，以免雨后穴土下沉积水，影响苗木成活和生长。栽后随即盖草，以利保墒抗旱。

3. 田间管理

（1）苗期管理。当苗高 5~6cm 时，进行间苗，间去弱苗和过密苗，一般间苗 2 次，最后每隔 6cm 留壮苗 1 株。苗期要松土除草，见草就除，保持畦面无杂草。及时施肥，一般施肥 3 次。即在 1~2 次间苗后各 1 次，第三次在苗木速生期前（7 月上中旬）进行，每 667m^2 每次施腐熟人畜粪尿 2 000~2 500kg 或尿素 7~8kg，以人畜粪尿为好。在整个苗木生长期间，特别是在高温干旱季节应及时灌溉，保持土壤湿润，以利生长。一年生黄皮树苗高一般为 40cm，最高的也只有 60cm 左右，地径只有 0.3~0.5cm，还需要在苗圃继续培育 1 年，当苗高达到 150cm、地径 1.2cm 时，即可出圃移栽定植。

（2）定植期管理。

①间作。苗木定植后，要加强抚育管理，以提高造林成活率和保存率，促进幼林生长，可在行间种植花生等矮秆农作物或其他药材，实行以耕代抚，待林木长大影响其他作物生长时，就可以停止间作。

②改土施肥。定植后的当年或翌年，秋后要进行扩穴深翻改土施肥，使土壤熟化，促进林木根深叶茂，生长加快。并注意及时施肥，从定植到郁闭前，每年夏初和秋后各施肥 1 次，夏季施化肥，每株施尿素 250g，秋后施厩肥或土杂肥，每株施 25kg，在株旁周围开沟施入。

③排灌。干旱季节要浇、灌水抗旱。在山地，可在原定植时植株周围覆草的基础上加盖杂草树叶，可增强抗旱能力。雨季注意及时排水。

④抹芽除蘖。对黄皮树枝顶对生芽，要及时抹除其中一个芽，留一壮芽向上直长。

【采收加工】

1. 采收

（1）砍树剥皮。黄皮树一般于定植后 15 年开始收获，生长快的也可提前 2～3 年剥皮。5—6 月为最适采收时期，此时树液上下流动快，水分充足，有黏液，树皮容易剥离。方法是将树砍倒，按长度 50cm 左右用刀横切皮层，再纵切 1 刀，依次剥下树皮、枝皮及根皮。

（2）环状剥皮。当其树干直径达到 18～20cm 时进行环剥。于 5 月中下旬进行，选阴天先用利刀在树干枝下及树干基部离地面 15cm 处各横割一圈，再在两圈之间垂直纵割 1 刀。3 个切口深度要适当，以能切断树皮，又不割伤钿皮部、形成层和木质部为宜。然后用刀柄在纵横切口交接处撬起树皮，向两边均匀撕剥，切勿用力过猛，以免损伤形成层和韧皮部。树皮剥下后，对剥面可用 10mg/kg 吲哚乙酸溶液或 10mg/kg 萘乙酸+10mg/kg 赤霉素溶液喷雾，以加速新皮形成。随即用略长于剥面长度的 4 根小竹竿围绕树干等距离绑上，以便于捆扎覆盖物，保护剥面，防止其触伤及外力机械损伤。黄皮树环剥 1～2 个月后，就会出现衰退现象，叶色变黄，严重时有的叶片萎蔫，这时就应采取浇水、松土、施肥、增施铁盐、剪枝去花等措施，来恢复树势。通过抚育管理，叶片很快会由黄变绿，新皮逐渐增厚，生长较快，5 年左右的树皮就可达到正常厚度，又可以继续剥皮。

2. 加工

剥下的树皮趁新鲜刮去粗皮，至显黄色，在阳光下晒至半干，将内皮相对叠起，加压，用石板压平，再晒干，即为成品。

第四节　厚　朴

【别名】紫油厚朴、油厚朴、油朴、川朴、双河紫油厚朴等，如图 8-4 所示。

图 8-4　厚朴

【药用部位】以干燥干皮、根皮及枝皮入药。

【种植技术】

1. 选地整地

选向阳、避风地带，疏松、肥沃、排水良好、含腐殖质较多的酸性至中性土壤。一般在山地黄壤、黄红壤地上均能生长，房前屋后和道路两旁均可种植。育苗地应选择海拔 250～800m，坡度 10°～15°，坡向朝东的新开荒地或土质肥沃的稻田为宜，菜地或地瓜地不宜种植。造林地应选择土壤肥沃、土层深厚、质地疏松、排灌方便的向阳山坡地。育苗地一般于冬季深翻，春播时结合整地每 667m^2 施腐熟厩肥或土杂肥 3 000kg，整地要“三犁三耙”，耙平整细，然后开道作畦，畦宽 120cm、高 15cm，道宽 30cm，畦面呈瓦背形，待播。

2. 繁殖方法

厚朴的繁殖方法有种子繁殖、压条繁殖、分蘖繁殖等，生产上以种子繁殖为主。

（1）选种与种子处理。选择15~20年生皮厚油多的优良母树留种。一般选籽粒饱满、无病虫害、成熟的种子。厚朴种子外皮富含蜡质，水分难以渗入，不易发芽，必须进行脱脂处理。9—10月采摘成熟的聚合果，置通风干燥处，待聚合果开裂，露出红色种子时，剥离种子，浸入浅水中，脚踩、手搓至种子红色蜡质全部去掉后摊开晾干。将种子与湿沙按1：3的比例混合贮藏，贮藏期间保持湿润，防止干燥，一般含水量在20%左右，翌年春季播种时，用40℃的10%的石灰水浸种24h，并用木棒搅拌，待播。

（2）播种。厚朴播种育苗可秋播，也可春播。秋播在11月中下旬进行，春播在2月下旬至3月上旬进行。在整好的苗床上条播，条距30cm，深3cm，将处理好的种子均匀地播入沟内，覆土3cm，每667m^2用种量为15kg左右。

（3）移栽。在低海拔地区育苗，1年即可移栽。如在海拔1 600m以上的高山地区育苗，则需2年才能出圃移栽定植。定植地以选择土层深厚、土壤疏松肥沃、排水良好、呈中性或微酸性反应、含腐殖质丰富的山地夹沙壤土为好。移栽一般在秋末落叶后进行，成活率较高。在事先准备好的穴内每穴栽种苗木1株，先将苗木放直栽入穴内，使根向不同方向平展，不能弯曲，然后分层次将土放入穴内压紧，至半穴时将苗木轻轻提一下，使根系舒展，浇透水后，再覆盖上一层松土即可。

3. 田间管理

（1）苗期管理。

①中耕除草。保持畦面无杂草。除草后要立即撒上一层火烧土，以保护幼苗根部，促进生长。同时，注意春雨季节的排水管理，以免积水烂根。

②追肥。待厚朴苗长到五叶包心、地上部分完全木质化时，每667m^2用5kg尿素在晚间或雨天直接撒施；如久晴不雨，可将尿素兑水稀释后于行间泼施，这样既追了肥，又可起到抗旱的作

用，如苗地肥力较好可视幼苗生长情况适时撒施。

（2）成株期管理。

①除萌、修剪、间伐。厚朴荫蔽力强，特别是根际部位和树干部由于机械损伤、病虫和兽害等原因，常出现萌芽而形成多干现象，这对主干的生长是极其不利的。因此，必须及时修剪除萌芽，以利于其正常生长。如种植密度大，或混交种植，还应及时进行间伐和修剪，方能保证厚朴林的正常发育。

②截顶、整枝和斜割树皮。为加快厚朴生长，增厚皮层，定植 10 年后，树高达到 9m 左右时，就可将主干顶梢截除，并修剪密生枝、纤弱枝、垂死枝，使养分集中供应主干和主枝生长。同时于春季用利刀从其枝下高 15cm 处起一直到茎部围绕树干将树皮等距离地斜割 4~5 刀，并用 100mg/kg ABT 2 号生根粉原液向刀口处喷雾，促进树皮薄壁细胞加速分裂和生长，使树皮增厚更快。这样，15 年生的厚朴就可以采收剥皮。

【采收加工】

1. 采收

一般栽种 15~20 年收获。树龄越长、树皮越厚，油性越重，产量越高，质量也越好。收获期为 5—6 月。此时形成层细胞分裂较快，薄壁细胞富含水分，皮部组织发育旺盛，皮部与木质部之间疏松，易剥离。收获过早，树皮内油分差，皮薄，质量不好。

采收方法有伐树剥皮法和环剥方法两种。

（1）伐树剥皮法。采收时将厚朴树连根挖起，分段剥取茎皮、树皮和根皮。此法对资源破坏严重。

（2）环剥方法。5 月中旬至 6 月下旬，选择树干直、生长势强、胸径达 20cm 以上的树，于阴天（相对湿度最好为 70%~80%）进行环剥。先在离地面 6~7cm 处，向上取一段 30~35cm 长的树干，在上下两端用环剥刀绕树干横切，上面的刀口略向下，下面的刀口略向上，深度以接近形成层为度。然后纵割 1

刀，在纵割处将树皮撬起，慢慢剥下。长势好的树，1 次可以同时剥 2~3 段。被剥处用透明塑料薄膜包裹，保护幼嫩的形成层。包裹时上紧下松，要尽量减少薄膜与木质部的接触面积。整个环剥操作过程中手指切勿触到形成层，避免形成层可能因此而坏死。剥后 25~35d，被剥皮部位新皮生长，即可逐渐去掉塑料薄膜。翌年，又可按上法在树干其他部位剥皮。此法利于保护资源和生态环境。

2. 加工

用竹夹将厚朴夹住置大锅沸水中，用开水烫淋，待厚朴柔软时取出，用青草塞住两端，直立放置于清洁的屋角或大木桶内，上盖湿草或清洁棉絮“发汗”24h 后，树皮横断面成紫褐色或棕褐色，有油润光泽。取出厚朴，分成单张，用竹片或木棒撑开晒干，蒸软后，进行卷筒。树皮大的两人相对从两面用力向内卷起，使成双卷筒，小的卷成单卷。卷好后用稻草捆紧两端，两端用刀截齐，晒干。晚上收回后呈“井”字形摆放，易通风干燥。

第九章　全草类中药材

第一节　绞股蓝

【别名】绞股兰、七叶胆、五叶参、七叶参、南方人参、超人参、甘茶蔓等，如图 9-1 所示。

图 9-1　绞股蓝

【药用部位】以全草入药。

【种植技术】

1. 播种

（1）选地整地。引种时应选择近山、防护林、绿化林、农家房前屋后等阴湿地种植；农田种植应选疏松肥沃的沙质壤上，排水良好，灌溉方便的地方。大田种植可套种玉米、油菜、果树等作物。如在林地，乔木过于茂密，可进行疏林，去掉少量树杈，使荫蔽度保持在70%左右，保留灌木层。

按地势开畦。如在山林，多为梯田。整地时每公顷施磷酸二铵150kg、有机肥75 000kg。畦宽100～150cm，每畦种两行。畦上施林下腐殖质土或腐熟的有机肥。如在大田，应于冬季或早春整地，翻耕直晒数天后，施腐熟的有机肥作基肥，每667m^2施用2 000～4 000kg。畦宽1.2～2m，沟宽0.3m。做到畦面平整、肥土均匀。

（2）播种。繁殖方法分有性繁殖和无性繁殖。有性繁殖即种子繁殖，无性繁殖即根茎或地上茎繁殖。栽培时多采用无性繁殖，极少数用有性繁殖。

①种子繁殖。种子的采收和储藏，当果皮变蓝黑色时，剪下果序，放在阴凉通风处，待其后熟，7d后，采下果实。如为秋播（10—11月），可除去果皮，获得种子，并随收随播。也可以晾晒干燥后，沙藏过冬，待翌年春季（3—4月）播种。种子的处理，春播（清明前后）前，搓去果皮，将种子用清水浸泡48h或者置于35～40℃的水中2～3h（如有条件，可再用100mg/kg吲哚乙酸水溶液浸泡5～8h）捞出，盖上湿布或湿草帘，置于20℃左右温室内，待种子膨胀后有裂口或露白后与5～10倍量的沙土混匀，即可播种。播种方法，种子繁殖可采用直播或育苗移栽。

直播时大田高畦作垄宜用条播，可按沟距30～40cm、沟深3～5cm、沟宽10cm进行播种。山地沟距可为20cm左右。也可进行穴播，穴距20cm，每穴3～5粒种子，播后覆细土。每667m^2用种1.5～2kg。播后也可覆盖薄草，出苗后及时去除。每天淋水，以保持土壤湿润。20d后即可出苗，苗高10cm、有3～4片真叶时，直播田可按株距6～10cm间苗，育苗田可在阴天进行移栽。如覆盖地膜，注意调整膜内气温不可超过35℃。当气温上升至15℃左右时，多数种苗已长出地面，将薄膜打孔，露出幼苗，在接近全苗时除去地膜。在整个生长过程中保持土壤湿润，土壤干旱时，及时浇水。

②根状茎繁殖。种根越冬，冬季温暖的南方常采用田间越冬法，冬季寒冷的北方多采用坑藏法。田间越冬法，绞股蓝地上部分采收后，施 1 次有机肥，上面覆盖地膜，再覆稻秆，即可越冬。坑藏法，绞股蓝地上部分收获后，挖出地下根茎，开宽 1m、深 60~80cm 的坑，长度根据根茎的长度而定，下面铺约 10cm 厚的湿沙，然后将根状茎铺至 20cm 厚，再铺 5~10cm 的湿沙，在上面覆盖 30cm 以上的土层后，即可安全越冬。翌年清明节前后将根茎挖出，剪成 3 个节的小段，在土壤湿润的条件下，按行距 30~40cm，株距 15~20cm 栽植或在畦中开 3cm 深沟，将种根放入沟中。扦插时注意根茎要舒展、芽头向上，并保持土下 2 个节，土上 1 个节。覆土压实，顺行覆盖地膜，进行育苗。如土壤较干，也可栽后浇透水。

③地上茎繁殖。5—7 月，植株生长呈现旺盛时，剪取无病植株的强壮的地上茎，再剪成若干小段，每段应有 3~4 个节，剪去下面 2 个节的叶子，按 10cm×10cm 的行株距斜插入苗床，入土 2 个节，浇水保湿，最初几天适当遮阴。扦插后经常洒水，保持土壤湿润，10d 后即可生根。待新芽长至 10~15cm 时，便可育苗移栽。用 ABT 生根粉液或 0. 1~1mg/kg 吲哚乙酸水溶液浸泡地上茎的下部，扦插成活率会显著提高。

（3）定植。移栽或间苗时，非种子田以行距为 30~40cm、株距以 15~20cm 为宜；种子田父本、母本比例为 2∶4，行距 50~60cm、株距 30~40cm（种子田为加强授粉和防止果实腐烂，需在 1m 高度搭网状架）。移栽苗时要注意，覆土后，用双手在其四周压一下，保证根系与土壤紧密接触，并及时喷透水，以后要保持表土湿润，无积水，便于成活。移栽 10d 后即可成活。如缺苗，要及时补苗。

2. 田间管理

（1）中耕除草。在幼苗未封行前，应注重中耕除草。除草的原则是“除早、除小、除净”，及时去除病株，并注意不宜太靠近苗头，以免损伤地下嫩茎。

（2）铺蔓压土。在藤茎长到30cm时，将其平铺到行间、株间空地上，并每3个节盖一把土，使其节部紧贴地面，促进绞股蓝地上茎生不定根，扩大吸收水肥的面积。此操作要在藤茎封垄前操作。

（3）追肥。定植后1周应施1次薄粪，每公顷配施尿素75kg、复合肥187.5kg，6月下旬至7月上旬再按上述用量施1次肥；采收前一个月不施化肥。每次收割或打顶后均要追1次肥。最后一次收割后施入冬肥，冬肥以有机肥为主。未封垄前施在根部，封垄后可撒施，并及时浇水，也可撒施400倍尿素溶液或200倍硫酸铵溶液。

（4）淋水。绞股蓝根系浅，需经常淋水。喷淋的灌溉方式既节水又能满足其对水分的需求。淋水量以土层透水10cm为宜。在绞股蓝开花结果时期，淋水次数应增多。在收获的15d前要停止灌溉。

（5）搭架遮阴。绞股蓝幼苗忌强光直射，可在播种地种玉米等高秆作物，也可用竹竿搭1~1.5m高的架，上覆遮阴物。苗长20~30cm时，人工辅助上架，必要时缚以细绳。7月除去遮阴物。

（6）打顶。为促进分枝，当主茎长到40~50cm时，趁晴天进行摘去顶尖。1年可打顶2次。

【采收加工】

1. 采收

绞股蓝一般可当年种当年收，可以连续收割多年。非留种田南方每年可收割3~4次，北方可收割2次，一般以翌年、第三年产量最高。当植株长过1m以上时，即可收获。用镰刀割取，留茬20~30cm，除去杂质。10月下旬采收时，可齐地面割取。根茎在北方需要覆土10cm以备越冬，在南方可自然越冬。

2. 加工

收割的药材打卷，置于通风干燥的架子上及时晾晒，不可暴晒，以免影响色泽。干品扎捆即可销售。采收的果序置于阴凉通风处，待其全部呈黑褐色时，采果风干，搓去果壳，装入布袋或纸袋中于通风干燥处保存。

第二节　金钗石斛

【别名】扁金钗、吊兰花，如图 9-2 所示。

图 9-2　金钗石斛

【药用部位】以茎入药。

【种植技术】

1. 选地、整地

根据其生长习性，栽培地宜选半阴半阳的环境，空气湿度在 80%以上。冬季气温在 0℃以上地区，人工可控的大棚也可。树种应以黄桷树、梨树、樟树等且应树皮厚有纵沟、含水多、枝叶茂、树干粗大的活树，石块地也应在阴凉、湿润，周围有阔叶树遮阴的地区，石块上应有苔藓生长及表面有少量腐殖质。

2. 繁殖方法

（1）分株繁殖。以 3 月下旬至 4 上旬发芽前栽种较好，选择生长健壮、根系发达、萌蘖多、无病虫害的一二年生植株，连根挖出，轻轻将种蔸掰开，分为若干丛，每丛应留有 2~3 个茎，剪去枯茎和老根，留 2~3cm 根。可采取贴石栽植、贴树栽植和荫棚栽种法。

①贴树栽植。选择枝叶茂盛、树干粗壮、水分较多、树皮有纵裂沟的常绿树（如乌桕、油桐、枫杨、香樟、青杠、柿子等），从下至上按 30cm 株距将树皮砍成鱼鳞口，将种蔸涂一薄层牛粪、阴沟泥混合物，然后放在鱼鳞口内卡紧，使根与树皮紧密结合，再覆一层稻草，用竹篾捆好。

②贴石栽植。在生有苔藓的石块上，按 20~30cm 的株距凿出凹穴，将涂过牛粪、阴沟泥混合物的石斛种株放在凹穴内，用小石块将石斛根部固定，力求牢固不脱落即可。

③荫棚栽种。搭好大棚遮阴。大棚要通电、通水，覆盖塑料薄膜和 70%荫蔽度的遮阳网，周围和入口安装 40 目的防虫网，如有条件，可以安装喷淋设施。用腐殖质土、小砾石和细沙混合均匀，作厚约 10cm 的高畦，上覆盖细腐殖质土和小石块。移栽前用 0.3%高锰酸钾或 1 000倍多菌灵药液对基质喷洒消毒。现多用黑色薄膜在消毒后覆盖基质面以减少基质杂菌侵染植株。将石斛种苗栽于畦内，行株距为 20cm，也可建中间高、两边低的畦床或离地 40~60cm 水平和波浪状的高架种植畦。

（2）扦插繁殖。可用腐殖质土和小细沙混合或泥炭藓、树皮块、刨花、石灰岩颗粒等透气性好、排水性好的物质混合、浸水发酵或高温灭菌后作插床，并搭好大棚遮阴，选择健壮、未开花的茎，剪成小段，每段含 2~3 个节，按行株距 10cm 左右扦插于插床中。插后要常洒水，保持空气湿润，控制室温在 18~22℃，插后 30~40d 腋芽萌发，并长出白色气生根后，将单株横置畦床上，用小石块压着进行育苗，上面覆盖细腐殖质土约 2cm 厚，待幼芽长至 3~5cm 时，移栽。

（3）腋芽繁殖。在三年生石斛茎的上端，常会萌发腋芽，并长出气生根，待腋芽长为 5~7cm 时，将石斛茎剪为两段，下段老茎作药用，上段新茎可进行移栽。

（4）组培繁殖。将茎尖组织放在含 0.15~0.5mg/L 的 2,4-滴异辛酯、0.5mg/L 6-BA（6-苄氨基腺嘌呤）的 MS 培养基上进行培养，培养过程中常加入适量的椰乳和活性炭等物质，保持温度在 25～28℃，每天光照 8～10h，光照强度在 1 600～2 000lx，pH 值为 5.0～5.5，30d 左右可分化幼芽。将幼芽转入含有 0.20～0.40mg/L 吲哚丁酸的 MS 培养基中，能诱导生根，2 个月后形成种苗。

移栽前先将苗瓶移到炼苗房进行 2～3 周炼苗以适应大棚环境，再用 50%的 1 000倍多菌灵浇透基质。选苗高 3～6cm、根长 3cm 以上、4～5 片叶、3～4 个节、生长健壮、无病害的瓶苗作为种苗。将培养基与小苗一起轻轻取出，合格的种苗和少根苗、裸根苗、污染苗分类放置。用清水将合格的种苗清洗 2 遍；少根苗、裸根苗放于 100mg/L 的 ABT 生根粉溶液中浸泡 15min，以利于生根；污染苗清洗 2 次后，用 50%的 1 000倍多菌灵液浸泡整株小苗 10～15min。少根苗、裸根苗、污染苗分别移栽，以便管理。

移栽在日平均气温为 15～30℃时进行，注意保护好幼嫩的根系，其他同荫棚栽种法。管理得当，1 周后，植株开始发新根。

3. 田间管理

（1）温度管理。栽培石斛要满足其冬暖夏凉的要求，其生长适宜温度为 20～30℃。高于 35℃或低于 9℃，石斛会进入休眠。夏季温度高时，大棚内必须通风散热，并经常喷雾来降温、保湿，每天喷雾 3～5 次，每次喷雾 2～5min；冬季气温低时，大棚四周要密封好，以防冻伤。

（2）湿度管理。空气湿度应保持在 80%～90%。空气湿度过小要经常喷雾浇水保湿。有“勤快人种死石斛”的经验，说明石斛种植根系湿度宜小，所以移栽 1 周左右苗床缺水时浇第一次水；喷雾过多则烂根，温度高、湿度大时还易引发软腐病等的发生。

（3）追肥。

①贴树栽植和贴石栽植。栽后翌年开始追肥，每年 2 次，第一次在 4 月（清明前后）施促芽肥，第二次在 11 月上旬（立冬前后）施越冬肥。用油饼、猪牛粪、塘泥或河泥等，加钙镁磷肥和少量氮肥混匀，发酵后，薄薄地敷在根际周围。此外每隔 1~2 个月尚可用 0.05%~0.1%磷酸二氢钾、2%的过磷酸钙或 3%的复合肥水溶液进行叶面追肥。施肥应在傍晚太阳将落山和早晨露水干后进行，避免高温施肥。

②荫棚栽植。移栽时以叶面肥为主，可选择石斛专用有机肥，也可以选择硝酸钾、磷酸二氢钾、多元复合肥等。新根发生后开始喷施 0.05%~0.1%的硝酸钾或磷酸二氢钾，10d 喷 1 次，连续喷 3 次。长出新芽后每 10d 喷 3 次的多元复合肥和稀释的 MS 培养基，连续喷 3 次。一般情况下，施肥后 2d 停止浇水，如基质过干，可适当补水。栽后翌年至第五年追肥，可参考贴树栽植施肥法。

（4）除草。在 3—4 月和 11 月，大田栽培进行田间锄草。其他时间有杂草应随时拔除，杂菌、枯枝落叶也及时除去，大棚内要及时除去杂草和杂菌。在气温高的夏季，不宜除草，避免影响石斛的正常生长。

（5）修剪。每年春季发芽前，采收老茎，剪除枯茎，并除去病茎、弱茎和病株根部。种于树上的，还要剪去过密的树枝，使荫蔽度在 60%左右。栽种 5~6 年后，植株萌发多、老根死亡等原因易导致植株生长不良，所以应进行分株繁殖。

（6）摘蕾。石斛栽培 2 年后开花，为减少营养损耗，要及时剪除花蕾。花蕾可单独干燥储存。

（7）更换基质。锯木屑、刨花、树皮等基质保水性好，栽培石斛易成活，但易腐烂，一般两年需要更换基质。

【采收加工】

1. 采收

鲜用者全年可采收，采收后除去须根和枝叶，湿沙贮存备用。

2. 加工

干用者于秋末冬初（11—12 月）或早春（2—3 月）留嫩茎继续生长，离基部 5cm 剪取生长 2 年以上的茎枝。

（1）水烫法。除去杂质，用开水略烫 1 ~ 2min，烘晒至五成干时，用稻壳边搓边烘晒，至叶鞘搓净后，分出单枝，理顺摆齐，用草席捆好，低温烘至七八成干时，结合翻炕再揉搓 1 次，整理后，用草席再捆好，干透。

（2）沙烫法。将洁净的河沙放入锅内炒热后，将除去杂质的石斛埋于石沙中，上下翻动至有轻微爆裂声，叶鞘翘起时取出，放在粗燥的平面上揉搓，夜露日晒，反复揉搓至叶鞘完全脱落，干燥即可。

（3）返净法。将石斛去除残叶和须根后，浸泡于水中多日；或集中堆放，用草席覆盖后，2 ~ 3d 淋水 1 次，至叶鞘沤烂，易于分离，用稻壳搓去叶鞘后，覆盖草席进行烘干。烘的过程中注意火力不宜过大，并注意翻动。

（4）铁皮石斛或齿瓣石斛加工法。选铁皮石斛粗短部分，留两根细根（习称“龙头”），保留完整的茎梢（习称“凤尾”），用文火烘软或炒软，搓成螺旋形或弹簧状，反复搓烤使不变形，烘干，习称“耳环石斛”或“西枫斗”“铁皮枫斗”。也可将长茎剪成 6 ~ 10cm 小段，按照上述方法加工。齿瓣石斛加工类同铁皮石斛，习称“紫皮枫斗”。

第三节　薄　荷

【别名】苏薄荷、南薄荷、野薄荷、婆荷、夜息药、仁丹草、见肿消、水益母、鱼香草等，如图 9-3 所示。

【药用部位】以地上部分入药。

图 9-3　薄荷

【种植技术】

1. 播种

（1）选种。薄荷栽培品种主要有紫茎紫脉薄荷、青茎圆叶薄荷、小叶黄种、红叶臭头、白叶臭头、大叶青种等。生产上常采用的是青茎圆叶薄荷（青薄荷）、紫茎紫脉薄荷（紫薄荷）。两种含油量都在 80%以上，抗旱能力前者弱后者强，香气紫薄荷优，青薄荷差。栽培最好选紫薄荷。

（2）选地整地。薄荷从秋播到出苗有很长一段时间，可套种一些在 3 月前能收获的植物。可与头刀薄荷夹种的作物有油菜、菠菜、蚕豆、大麦、玉米及棉花；可与二刀薄荷夹种的作物主要是芝麻。不宜夹种大蒜、洋葱等有刺激性气味的作物。

重茬田冬季播种时，必须进行耕翻，种根需要尽量拾净，然后按一般田块开沟播种。开好排水沟，以防干旱和雨涝。前茬收获后每 667m^{2}施优质土杂肥 4 000~5 000kg、尿素 20~25kg、过磷酸钙 70~75kg、硫酸钾 15~20kg 或氮磷钾复合肥 50~60kg 及硼镁锌等复配微肥4~5kg作基肥。耕地整平后作1~1.2m宽的畦。

①根状茎繁殖。在二刀薄荷、三刀薄荷收割后，将种根挖出来即可播种。长江流域一带以秋冬栽，即10月下旬至11月上旬(立冬至小雪)，北方以春栽，即3—4月栽种为宜。根茎随挖随栽，选色白粗壮、节间短、无病害的新根茎作种根，然后在整好的畦面上，按行距25cm开小沟，沟深6~10cm，三人同时操作，一人开沟，一人放根，可整条放入沟内或者截成6~10cm小段放入，株距15~20cm，施稀薄人畜粪尿，一人覆土，避免根茎风干、晒干。耕地时没有施基肥的，栽种时可先把基肥施于种植沟内，后再下种覆土。稍加镇压后浇水。每667m^2需根茎60~100kg。盐碱土、稻板茬及土质差的田块要适当增加播种量。

②分株繁殖。也称秧苗繁殖或移苗繁殖。选择植株生长旺盛的，品种纯正、无病虫害的留作种用。秋季地上茎收后立刻中耕除草追肥，翌年4—5月（清明至谷雨)，苗高6~15cm时，将老薄荷地里的地上幼苗和匍匐茎苗连土挖出根茎，移栽，按行距20cm、株距15cm，挖穴5~10cm深，每穴栽2株，覆土压实，施稀薄人畜粪尿定根，水渗下后再浅覆土。此法无根茎繁殖产量高，但此法可延至春后，土地冬天还可以种其他作物。

③种子繁殖。3—4月把种子和少量干土或草木灰拌匀，播种畦上，开浅沟。把种子均匀撒入沟内覆土1~2cm厚，播后浇水，盖稻草保墒，2~3周即出苗。种子繁殖生长慢，容易变异，采收后萃取的精油品质较差，只作育种用，生产上一般不采用。

④扦插繁殖。5—6月，把地上茎或主茎基部切成10cm长的插条，在整好的苗床上，按行株距7cm×3cm进行扦插育苗，发根初期，保持温度22~25℃，湿度90%，在扦插后的第二、第三天内需要略微遮阴，避免阳光直射。扦插7~10d后生根，发芽后移植到大田培育。该法多为选种和种根复壮用。

2. 田间管理

薄荷一般收2次（7月上旬、9月下旬)，个别地方可收3次

(6月上旬、7月下旬和10月中下旬)。

(1) 头刀期管理(出苗到第一次收割)。

①查苗补栽。在4月上旬移栽后，苗高10cm时，要及时查苗补苗，保持株距15cm左右。

②中耕除草。栽植秧苗成活后，行间中耕浅除2次，株间人工除草，以保墒、增(地)温、消灭杂草、促苗生长。收割前拔净田间杂草，以防其他杂草的气味影响薄荷油的质量。

③摘心。密度大的地块一般不摘心，密度小的地块需要摘心。在5月中午晴天摘去顶心。将顶上两对幼叶摘去，此时伤口易愈合。摘心可促进侧枝茎叶生长，有利增产。

④适时追肥。植株生长瘦弱，分枝少；生长过旺，田间荫蔽，造成倒伏或叶片脱落，均影响产量和原油质量。所以合理施肥，是取得高产的关键措施之一。头刀薄荷生长期长，出苗后长达140d左右才能收割。在第一次收割前要适当追肥2次。一般采用“前控后促”的施肥方法，前期轻施苗肥与分枝肥，施肥量仅占总施肥量的20%~30%，即在2月出苗时，每667m^2施人畜粪尿1 000~1 500kg，促进幼苗生长；6月中旬(收割前20~35d内)，重施“刹车肥”(保叶肥)，施肥量占总施肥量的70%~80%，即每667m^2施入施氮磷钾复合肥40~50kg，或施15kg尿素和适量饼肥，使后期不早衰，多长分枝与叶片，提高出油率。行间开沟深施，施后覆土浇大水。施肥时间要把握好，太早，收获时因薄荷生长过旺而郁闭倒伏或落叶；过迟，现蕾开花期延迟，则收获也相应延迟，影响二刀薄荷的生长和产量。不能单施氮肥，易使植株徒长，叶片变薄。此外，根据薄荷的生长情况，还可进行根外喷施氮、磷、钾肥。喷施氮肥可用尿素，浓度在0.1%左右；喷磷肥可用过磷酸钙，先将过磷酸钙用清水浸泡30~40h，然后取出澄清液配制成0.2%浓度；喷钾肥可用氯化钾或硫酸钾先配制成1∶10的母液，使用时再稀释为0.1%的溶液，每667m^2各喷施100kg左右，亦可混合喷施。喷施时间应在薄荷生

长最旺盛的时期，即6月上旬，喷施时应选阴天或晴天的傍晚，叶的正反面都要喷到。

⑤化控。头刀薄荷的中后期，如有旺长趋势，可用助长素10~25mL/667m^{2}或矮壮素5~10mL/667m^2，兑水40kg叶面喷雾。

⑥科学浇水。薄荷前中期需水较多，特别是生长初期，根系尚未形成，需水较多，一般每15d左右浇1次水，结合施肥从出苗到收割要浇4~5次水。当7—8月出现高温干燥及伏旱天气时，要及时灌溉抗旱。多雨季节，及时排水。收割前20~25d停水，以免茎叶疯长，发生倒伏，造成下部叶片脱落，降低产量。收割时以地面“发白”为宜。

（2）二刀期管理（第一次收割后到第二次收割前）。

①施肥。头刀薄荷收割后，要尽快锄去地面的残茬、杂草和匍匐茎（一般锄深2~3cm），每667m^{2}施氮磷钾复合肥70~75kg，最好浇施浓粪水1 500~2 000kg，促使幼芽从根茎上出苗。9月上旬，苗高25~30cm时，每667m^{2}施20~25kg氮磷钾复合肥，以满足植株需求。

②化控。二刀薄荷由于收获期偏迟或天气干旱造成出苗迟。可在施苗肥后，用0.5g赤霉素粉剂兑水40kg/667m^{2}进行叶面喷雾，促进二刀薄荷晚苗的生长。

③浇水。锄残茬后要立即浇水，促使二刀苗早发、快长。二刀期浇水3~4次。

④田间除草。收割前拔大草1~2次，做到收割前田间无杂草。7月收割第一次后，立刻略深锄。

（3）长年管理（栽种1年，连续收获3~4年）。

①查苗补苗。冬季往往会缺苗断垄，在春季要及时查苗。一般早春气温稳定在10℃以上补苗，12~20℃移苗成活率比较高。移苗太早或太晚，成活率都较低。还要注意松土和除草。

②除杂去劣。薄荷种植几年后，均会出现退化混杂，表现为与种植品种的形态特征不一致，抗逆性减弱，原油产量和质量下

降。如果遇到在形态上难以区别的，可摘一片中部叶片，用手指揉一揉再闻其香味，若是优良品种则放出芳香浓郁的气味，若带有异味者说明植株已退化或混杂，应连根拔除。一般在苗高 10cm 左右，地下茎尚未萌生时及时去杂去劣，以防止新生出的地下茎断留在土中，影响去杂效果。最迟在地上茎长至 8 对叶之前去除。去杂工作要反复进行，一般头刀薄荷要反复去杂 2~3 次，二刀薄荷也要去杂 2~3 次。对于混杂退化严重的田块，于 4 月下旬，在大田中选择健壮而不退化的植株，按株行距 15cm×20cm，移栽到留种田里，加强管理，以供种用。

③水肥管理。如果翌年还作采药材用，收割后，增施厩肥、圈肥。薄荷地清明前、地上茎割完后立刻浇水。

【采收加工】薄荷最佳收获时间是在现蕾到初花期，此时叶片多且厚，含油率也高。薄荷收割过早会降低出油率，收割过晚，油中呋喃含量增加，影响品质。为保证薄荷的质量，药农有“五不割”的经验，即油量不足不割；大风下雨不割；露水不干不割；阳光不足不割；地面潮湿不割。

头刀收割时间在小暑至大暑间，晚于大暑，则会影响二刀薄荷产量。头刀薄荷主要用来提薄荷油，二刀薄荷主要入药。头刀在 7 月初，二刀在 9 月末至 10 月初，当花序 20%开花时，选晴天 10—15 时采收。用镰刀齐地割下茎叶，立刻集中摊放开阴干。每隔 2~3h 翻动 1 次，晒 2d 后，扎成小束，扎时束内各株枝叶部位对齐。扎好后用铡刀在叶下 3cm 处切断，切去下端无叶的梗子，摆成扇形，继续晒干。忌雨淋和夜露，晚上和夜间移到室内摊开，防止变质。收割完毕后，还可于早晨露水未干和傍晚或阴天时回收地面落叶（扫落叶），以增加产量。

晒干或阴干后薄荷捆外加篾席包装贮运，放阴凉干燥处，防受潮发霉。亦可将薄荷茎叶晒至半干，放入蒸馏锅内蒸馏薄荷油，再精制成薄荷液。

第四节　秦　艽

【别名】大叶龙胆、大叶秦艽、西秦艽，如图 9-4 所示。

图 9-4　秦艽

【药用部位】全株都可以入药。

【种植技术】

1. 选地整地

选择土层深厚、肥沃，质地疏松的沙质壤土，于秋季进行翻耕，深耕 30cm 左右，拣去石块或树根。结合耕翻施足堆肥 2 000~2 500kg/667m²，然后耙细，作畦或打垄，待播。

2. 种植方法

秦艽一般用种子繁殖。选好成熟饱满的种子，于早春在整好的地开沟，沟距 24cm，沟深 1~2cm；条播或穴播，将种子均匀地撒入沟内，然后覆土，略镇压。有条件的地区，可以覆盖一层草，进行保墒遮阴，以促进种子萌发，一般从播种到种子发芽大约需 30d。

3. 间苗

播种后 1 个月左右出苗，当苗高 6~10cm 时，按株距 12~15cm 进行匀苗、定苗。间苗后要适当浇水与追肥。

4. 中耕除草

一般于 5 月中下旬进行第一次中耕除草，此时幼苗易受伤，必须操作细致。6 月中下旬或 7 月上旬再进行 1 次除草。

5. 追肥

结合每次中耕、除草进行追肥，每 667m^2 施人畜粪尿 1 500~2 000kg 或腐熟油饼 50~100kg 加水 500kg。以后视苗株长势情况，进行再追肥。

【采收加工】秦艽生长缓慢，一般需要 5 年以上在秋季采挖，把挖出的根除去茎叶、根须及泥土，然后用清水洗净，使根呈乳白色，再放于专用场地或架子上晾晒，待根变软时，堆放 3~7d，至颜色呈灰黄色或黄色，再摊开晒干即可。小秦艽采挖后先趁鲜搓去黑皮，然后晒干即可。

第十章 药用菌类中药材

第一节 茯 苓

【别名】松苓、云苓、松薯、松灵、松菟，如图 10-1 所示。

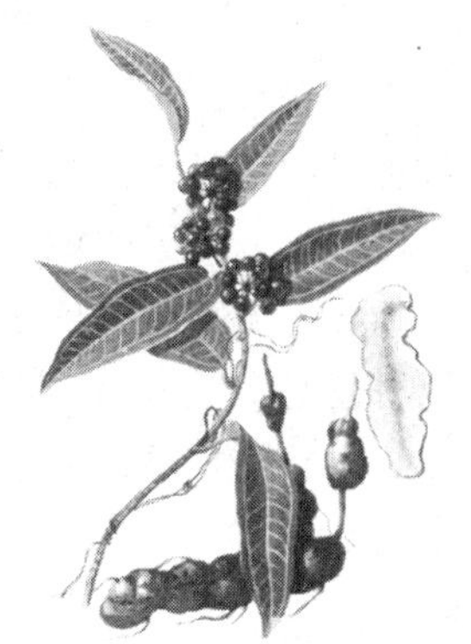

图 10-1 茯苓

【药用部位】以干燥菌根入药。

【种植技术】栽培方法有段木栽培、树蔸栽培、树桩原地栽培、活树栽培、松枝松叶栽培等，这里主要介绍段木栽培技术。

1. 菌种制备

（1）制种时间和备料时间。因一般春季栽培在 3—4 月进行，其备料时间应在上一年 12 月前后，此时树木生长缓慢，营养积累丰富，气候干燥可使木料内的水分和油脂易挥发，干燥快且不易脱皮，接种后易于成活，最迟不得（下窖）超过农历正月。制备菌种时间应在 1 月末至 2 月初进行；秋季栽培时间（即段木下窖时间）在 8—9 月，其备料时间应在 6—7 月，制种时间应在 6 月进行。

（2）菌种分离与培养。商品茯苓菌种的培养一般采取无性繁殖。目前使用的菌种有肉引、木引、菌引 3 种。肉引是在栽培接种时，选用新鲜菌核，用菌核直接进行接种。肉引的优点是取种方便，接种方法简单，但消耗的茯苓量大（约占总产量的 1/8），成本过高，且菌种容易老化退化，菌种质量难以保证，而且容易发生病害（瘟窖）。木引一般是在栽培接种前 2 个月，选择干燥、质地松泡、直径 4cm 左右的粗松枝或幼松树干为培养材料，先用“肉引”接种（接种量为培养材料即段木重量的 1/15），然后埋入窖内，待菌丝蔓延透之后取出，即成木引菌种。优质的木引表面呈灰黄色，质稍松泡（但未软腐），茯苓气味浓，无杂菌污染。有的健壮木引尚伴有小的菌核。此法产量较低，一般只用于扩大种源，复壮肉引用。菌引是在优质菌核里培养出纯菌丝菌种，再经过一级、二级、三级种制作，应用于生产。该法可取得稳产、高产，又可提高菌核质量，节约大量茯苓，降低生产成本，是目前生产上比较理想的繁殖方法。

2. 苓场的选择及整理

（1）苓场的选择。苓场直接关系到茯苓菌丝的生长及菌核的质量与产量，务必慎重选择，切不可“以料就场”，即不可以在伐树备料处随意就近选场。选择苓场应着重考虑以下几点。

①海拔。一般以海拔 600～900m 的山地较为理想。高海拔苓场应选择向阳、含沙量为 70%左右的坡地，以利于提高地温。低海拔苓场应选择日照较短、含沙量为 50%左右的坡地，以利于降温。

②土质。一般选择有酸性指示植物（松、映山红等）的红沙壤土较适宜，其他疏松、排水良好、透气的黄沙壤土等也可以栽培茯苓。菜园土、黏土、沙砾土等均不适宜于栽培。土壤的 pH

值以 4~6 为宜。茯苓切忌连作，种过茯苓的老苓场应荒芜两年后再用于栽培茯苓。

③坡度。一般以 10°~25°为宜。地势过于平缓易积水，太陡则易泄水，不易保湿。

④坡向。坡向朝南、西南或东南，以南坡为最佳，昼夜温差大，有利于结茶；切忌北向，因朝北向的场地阳光不足，气温和土温均较低，也易藏白蚁，不适宜茯茶生长。

总之，苓场应选择避风、阳坡、酸性土壤、通风、易排水、沙多的生地。绝不要选在从不长松木或黏性较重的山地及上一年种过茯苓的地点（间隔 3 年）。

（2）苓场整理。苓场选定后应及时挖场处理。一般在伐树后即应进行，最好安排在冬季。挖场时应尽量深挖，一般不能浅于 50cm。也可将表层土挖去，只用底土。在挖场的同时，应打碎场内的泥沙块，捡净灌木杂草、石块、树根等杂物，以免找苓困难。挖后的坡度应尽量保持原来自然坡度，以利排水。苓场经深挖处理后，任其暴晒，备用。在接种前 10d 再翻地 1 次。

3. 段木处理

（1）取枝留梢。松树伐倒后，立即去掉较大的树枝，树顶部分小枝及树叶要保留，以加快树内水分蒸发。运回放在空场，便于树木干燥。

（2）削皮留筋。松木取枝后经过几天略微干燥，用斧头纵向从蔸至梢削去宽约 3cm、深 0.5~0.8cm 的树皮，以“见白（木质部）”为准。然后每隔 3cm（即保留 3cm 的树皮）再削去一道树皮（不削不铲的一条称筋）。留皮部分总数与削皮部分相等，两者相间排列，宽度也大体相等。需要注意的是，削皮留筋数不应为 4 条，否则段木易成方形，入窖后与底土接触面过大，常使段木吸水过多，不利于茯苓的传引，也易生板苓。一般以削皮 3 条、5 条、7 条为宜。削皮留筋应在去枝后不久进行，若时间拖得过长，树干靠近地面部位容易脱皮或腐烂，影响段木质量。

（3）截断码晒。削皮留筋后的松木干至适时（横断面出现裂纹），应立即锯成60cm长的段木。若段木过长，则茯苓菌丝传引慢，结等迟。截断后，在苓场附近选择通风向阳处，用无皮的段木或石块垫底，将段木一层层地堆垛起来呈“井”字形，堆高1.5m，堆顶覆盖树皮或茅草以防雨淋，然后任其日晒干燥。堆垛处的四周应修挖排水沟，并清除周围杂草、腐物，以防病虫侵染。100d左右，段木周身可见很多细小裂纹，手击发出“叩叩”的清脆响声，两端无松脂分泌时即可。此时含水量25%～28%（这是段木下窖湿度标准）。截断码晒不宜过晚，否则会影响段木干燥，溢出的油脂易糊在截面上，影响茯苓菌丝传引。

也可用树蔸进行茯苓栽培。

4. 接种操作

段木栽培茯苓时，挖窖和接种同时进行。

（1）挖窖。选择连续晴天的天气，数人配合操作。在预先准备好的苓场上顺坡挖窖。窖长80cm、宽30～45cm、深30cm，并注意窖底与坡度平行。为充分利用栽培场地，窖间只保留10～15cm的距离即可。同时场内每间隔一定距离，保留30～40cm的场地，用于挖排水沟。

茯苓窖挖好后，应立即进行接种；在操作时，挖窖与接种基本上是同时进行的。即边挖窖边接种，或在挖窖的同时，由其他人进行下料接种。挖出的沙土，用于覆盖前面已接种的窖。在挖窖接种的同时，应根据苓场地势，在窖间挖排水沟，将苓场分割成数个厢场。一般厢场分两种。

①横厢场。在直向2排或3排茯苓窖间横向挖排水沟，形成横厢场。

②直厢场。在横向每间隔2～3窖直向挖排水沟，形成直厢场。

（2）接种。将备好的段木入窖，一窖三木、五木或七木。入窖时，应按段木粗细，分别放置入窖，以免茯苓成熟期不一，采收不方便。为防止空窖，可在两窖之间排一段木呈“工”字形。

①菌引接种。在挖好的茯苓窖内，先挖松底部土壤，然后将2根段木摆放在窖底，使留筋部位紧靠，周围用沙土填紧固定，并使段木间削皮处相向形成夹缝即呈“V”形，以利传引和提供菌丝生长发育的养料。将菌引按顺排法、聚排法或垫枕法接种在夹缝内，并注意使菌引与段木紧密吻合。接种后再用另一根段木压在菌引上面，最后用沙土填实封窖。

顺排法。将菌引（即菌种木片）从段木上端一片接一片地铺放在夹缝中间。该方法传引快，适宜在多雨或湿度较大的地区使用。干旱或湿度较小的地区，段木夹缝间湿度过小，使用效果不佳。

聚排法。将菌种木片集中迭放在段木夹缝的顶端。这种方法可使菌种木片接触部分土壤，吸收一些水分，利于菌丝成活。适合在较干旱的地区使用，同时也可使成熟不一致的菌种木片互相搭配，提高效果。

垫枕法。将菌种木片集中垫放在段木顶端的下面，使菌种一部分与土壤接触。该法适用于较干旱的地区或较干燥的苓场。

②肉引接种。按菌引接种方法挖窖、放段木。随后按要求选择鲜苓，并将其切开，分成每块重150~250g的肉引块，每块均应保留苓皮。然后在段木上采用头引法、贴引法或垫引法接种肉引。最后用沙土将肉引填牢，再盖5~7cm的沙土，进行封窖。

头引法。将肉引的白色苓肉部分紧贴在段木截面，大料上多放一些，小料上少放一些，苓皮朝外，保护肉引。一般贴于段木上端截面。陡坡用此法，肉引易与段木脱离。

贴引法。将肉引紧贴在段木上端侧面（两筋之间），若窖内3根，贴下面2根；若5根，贴下面3根。苓皮朝外，要边切苓肉边贴引，不能先切后贴，同时要保持段木锯口清洁。

垫引法。将肉引垫放在段木顶端的下面，苓皮朝下接触土壤，周围用沙土填紧固定以防脱引，并要注意垫放肉引处应有凹处或操作时用手扒松，以防引种被压破。

③菌、肉混合引接种。菌引的特点是传引快，来势猛；肉引的特点是传引慢，但较持久。按上述方法同时使用菌引和肉引接种，则称为混合引，该法接种成活率较高。但要注意菌引木片控制在每窖 4~5 片，肉引控制在每窖 50~100g。

④木引接种。在挖好的窖内，摆放段木 1~2 层。然后将木引锯成短块，按头引法或夹引法进行接种，其他操作与菌引接种相同。

头引法。将木引锯成 5~6cm 长的短块，接种在段木顶端截面处。

夹引法。将木引从中间横向锯开成两段，将其中一段夹放在两段木中间。

无论是菌引、肉引，还是木引，接种量必须合理。如果接种量过多，则导致茯苓菌丝生长过程中营养不足，待菌核形成（即结苓）时，营养将近耗尽，不能结苓或结了苓也不能长大。如果接种量过少，则茯苓菌丝难以充分利用并蔓延生长到整个段木中，待结苓季节到来时，仍有部分菌丝处于营养生长阶段，来不及结苓就进入休眠状态，造成生长停止或死亡。

5. 田间管理

（1）接种后的管理。查窖补引，在正常情况下，接种后 7~10d，菌种菌丝应向外蔓延到段木上生长，显示已“上引”，此时要进行接种成活情况检查。清晨露水未干时在种植地内查看，若窖内段木已长有茯苓菌丝，则窖上土干燥无露水；若窖上有露水，则说明段木未长有茯苓菌丝。从窖旁把土挖开，发现段木下段已有白色菌丝生长，闻之有茯苓气味，可确定为茯苓菌丝。如发现死菌和不上菌的茯苓窖，应隔 7~10d 再检查 1 次。如果菌种菌丝仍没有向外延伸，或污染了杂菌，出现发黄、变黑、软腐等现象，说明引种失败，应选择晴天及时换上新的菌种；补种新菌种时，需要将未发菌的苓木全部挖出，晒干，将削口重削，重新接种；也可从其他发好菌的窖内取一段木，调换到未发菌的窖内。如果窖内湿度过大，可扒开窖面表土，摊晒半天再覆土；反之，则可适当喷些清水，再覆土。另外，接种窖表面最好盖上塑料薄膜3~5d，以防天气突变，雨水渗入窖内，引起烂苓。

（2）结苓前管理。接种后20~30d，茯苓菌丝可蔓延生长到30cm左右，要注意的是，此时大部分菌丝已入木生长，木面是见不到菌丝的。若误认为不上菌而把段木撬开，会造成不应有的损失。40~50d，茯苓菌丝已长至段木下端，并开始封蔸折回，段木间布满菌丝，段木材质也因被分解而颜色渐深。如果此时菌丝还没有长到段木下端，而是东一块、西一块，俗称"跳花"，即使结苓，产量也不高。70d后，窖面表土出现龟裂，预示菌核开始形成。此时苓场管理的重点是防止窖面溜沙，段木外露。如果外露，应及时培土。雨后要及时清沟排水。苓窖怕淹不怕干，水分过多，窖地过于板结，通透性差，将会影响菌丝生长发育，降低产量。坡度较小或含沙量较少的苓场，长时间降水易使窖内积水，这时可将窖下端沙土扒开，露出段木，晾晒半天再覆土，以防烂窖。

（3）结苓后管理。进入结苓期后，应继续防溜沙，及时培土、防积水，同时更要注意覆土掩裂，以防菌核露出土面（俗称"冒风"），日晒后裂开或遭雨淋而腐烂。覆土厚度应根据不同季节灵活增减。一般春秋覆土较薄，以提高窖温；夏季适当增厚，以利于降温或保湿。雨后还应耙松表土，以利换气。覆土应少而多次。冬季覆土也应适当增厚，以利于保温。此外，从段木接种到菌核成熟期间，应严禁人畜践踏苓场，以免造成菌种脱离段木（即脱引）或菌核中断生长。栽培管理人员日常操作，也应在排水沟内走动。

（4）采收时管理。采收时，段木大的或段木水分过多、结苓少的，可翻出地面，晒2~3d，或者阴干5~6d，然后将下调上，将上调下，重新入窖，增加氧气以使之干湿均匀。

【采收加工】

1. 采收

茯苓接种后，经过6~8个月生长，菌核便已成熟。一般于10月下旬至12月初陆续进行采收。通常是小段木先成熟，大段木后成熟。宜成熟一批收获一批，不宜拖延。成熟的标志是段木颜色由淡黄色变为黄褐色，材质变疏松呈腐朽状，一捏就碎，表示养料已尽。茯苓菌核外皮由淡棕色变为褐色，裂纹渐趋弥合（俗称“封顶”），应立即采收。采收时，先用窄小锄头轻轻地将窖面泥土挖去，轻轻取出菌核，放入箩筐内。切勿翻动窖中的段木或树蔸，以防损坏菌管，万一不小心，将小而有白色裂缝的茯苓刨离开段木或树蔸，要立即用小刀去掉1~2cm茯苓的表皮，把去过皮的部位紧紧贴在段木或树根上，然后覆上细土，几天后菌核又开始生长。有的菌核一部分长在段木上（俗称“扒料”），若用手掰，菌核易破碎，可将长有菌核的段木放在窖边，用锄头背轻轻敲打段木，将菌核完整地震下来，然后拣入箩筐内。采收时还要注意茯苓会沿草根、树根跑到另一个穴或邻近土层里结苓，所以当发现穴内不见苓时，要注意菌丝走向，争取个个归仓。采收后的茯苓，应及时运回加工。

一般每窖15~20kg段木收鲜茯苓2.5~15kg，高产可达25~40kg。

2. 加工

将采收茯苓堆放室内避风处，铺上竹垫，堆在垫上，用稻草或麻袋盖严使之“发汗”，析出水分，隔两天翻动1次，经5~6d外表稍干皱缩呈褐色时，即可加工。堆放过程中有的茯苓产生鸡皮状的斑点，变黄白色应随即剥去，以免引起腐烂。

茯苓可加工成方茯苓和个茯苓两种。目前国内外市场通用方茯苓。个茯苓即“发汗”翻晒或文火烘至干燥时整苓出售。方茯苓加工时用刀切去外表黑皮（即茯苓皮），然后切成4cm长、4cm宽、0.5cm厚的方形苓块，晒足干或置热干燥机55℃干燥，烘至八成干时，调至35℃让其慢慢烘干，以免造成苓块紧缩而龟裂。也可直接剥净鲜茯苓外皮后置蒸笼隔水蒸干透心，或用水煮熟至透心（煮时要换水3~4次，其标志是当水转黑时便换水）。取出用利刀按上述规格切成方块，然后将白块、赤块分别摆放在竹席或竹筛里，上覆1张白纸，置阳光下晒至全干，要注意经常翻动。如遇阴雨天可用炭火烘干，但不可用明火烘烤，避免烟熏使茯苓片变黄，影响产品质量。有时茯苓菌核中有穿心树枝根，可带枝或根切片晒干，即是传统中药“茯神”，可另行出售，价格更好。每50kg鲜苓一般可加工成干方茯苓22.5kg，还有茯苓碎和茯苓皮各2.5kg左右。

加工后的茯苓，要按白茯苓块、赤茯苓块、茯苓碎（赤白混合）、苓神、茯苓皮5个品种分级。加工茯苓块时切下的四角或六角苓片，可混入苓块出售，但比例不宜过高，赤茯苓块、白茯苓块要分开，茯苓皮要去净泥沙。

第二节　赤　芝

【别名】木灵芝、菌灵芝、万年蕈、灵芝草，如图10－2所示。

【药用部位】以干燥子实体入药。

【种植技术】

1. 品种

一般栽培品种为赤芝。菌盖红褐色稍内卷，菌肉白色。菌柄侧生，色与菌盖相在赤芝中，泰山1号、大别山灵芝、801、日本二号、植保六号、台湾一号、云南四号均为良种。紫芝的菌盖及菌柄为紫黑色，菌肉锈褐色；尚有薄盖灵芝。菌种的选择上要注意菌种的遗传性状要好，菌种繁育的质量要好。栽培者要根据当地的生产条件和收购方的要求来确定品种。

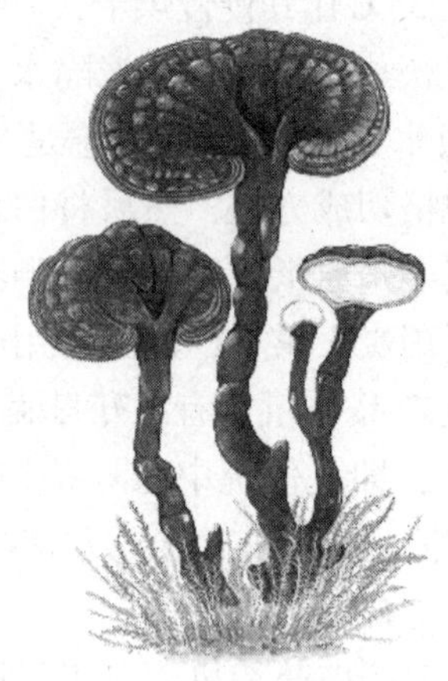

图 10-2　赤芝

2. 赤芝菌种的制备

（1）母种培养基的制备。可采用马铃薯—琼脂（PDA）培养基。马铃薯（去皮）200g，葡萄糖 20g，琼脂 20g，硫酸二氢钾 3g，硫酸镁 1.5g，维生素 $B_1$10mg，水 1 000mL。调 pH 值为 4~6，分装试管，湿热灭菌 30min 后，倾斜摆放，使冷却成斜面。

（2）赤芝纯菌种的培养。在无菌条件下选取新鲜、成熟的赤芝，切取一小块豆大的组织接种在培养基上，控制温度在 24~26℃当菌丝布满时，可扩大培养。也可以将新鲜、成熟的赤芝菌在培养基上培养，待其散发孢子时，将孢子粉接种到培养基上培养，可以得到菌苔状的营养菌丝，此为赤芝纯菌种。

3. 栽培主法

大生产主要采用段木熟料栽培和袋料栽培。

（1）段木熟料栽培。以原木为原料，发菌期为 180d，在适宜环境条件下，覆土 20~30d 后可形成子实体原基，3~4 周后，可采收。套袋采收孢子粉，则在子实体成熟时进行，时间约为 1 个月。

工艺：准备原料（原木砍伐，截段）→装袋、扎口→灭菌→冷却接种→菌丝培养→上床排放（覆土）→赤芝生长→采收储存。

段木栽培的优点包括子实体菌盖厚实、宽大、色泽鲜亮；由于通过高温、高压灭菌使段木中的营养成分被有效降解并且污染机会少，易被赤芝菌丝分解与吸收；每平方米木材两年可产干赤芝约 40kg。

①选树种。应选用生长在土质肥沃，向阳的山坡的壳斗科树种为主，如栲、栎、槠、榉等。栲、栎、榉类栽培赤芝，其菌生长速度快、产量高、色泽好、子实体厚实；槠类树种菌丝生长较慢，出芝较迟，产量稍低。一般 4 月砍伐，去枝运回生产场地。砍伐运输过程中，尽可能保持树皮完整，脱皮影响产量。尤以直径 8～18cm、质硬的树木为宜。

②灭菌、接种。一般 5 月上旬要进行栽培接种。接种前需要将原木切段后，熟化灭菌。

在熟化消毒的当天或前一天将原木切段，长度一般为 30cm，切面要平，周围棱角要削平，以免刺破塑料袋。最好采用高密度低压聚乙烯进口原料吹制成的筒料制成的袋，这种袋韧性好，耐高温，规格为 17cm×(34～36)cm。每袋装 1 段，大段装大袋，小段装小袋，两端撮合，弯折，折头系上小绳，扎紧。若段木过干，则浸水过夜再装袋。

常压下 100℃加热 10h，或 97～99℃保持 12～14h。在加热时，要避免加冷水以致降温，影响灭菌效果。

接种前，要进行两次空间灭菌。接种室要选门窗紧密、干燥、清洁的房间，用石灰水粉刷墙壁，地面是水泥地。第一次消毒在段木出灶前进行，按每平方米空间用烟雾消毒剂 4g，消毒过夜；第二次消毒在段木冷却至 30℃以下时，在各项接种工作准备完毕后进行。具体操作方法是先将灭菌后冷却的料袋和经 75%酒精表面消毒的原种瓶（袋）及清洗干净的接种工具，放入接种室或接种箱内，然后按每平方米用36%~40%的甲醛溶液10mL倒入瓷杯或玻璃杯内，后加高锰酸钾5g，关闭门窗，人员离开，熏蒸0.5h。灭菌后，用25%~30%氨水溶液喷雾以消除甲醛气味。若装有紫外灯，可同时进行室内空气灭菌，效果更好。

简陋的接种室，应用石灰水将墙涂白，接种前用2%来苏水溶液喷洒墙面、地面和空间，保持室内清洁、无灰尘，即可使用。

按每平方米段木需100瓶接种量接种。接种具体操作为在已消毒的接种箱或室内点燃酒精灯，用灭菌镊子剔除菌种表面的老化菌层，并将菌种搅散，便于以后用镊子取（谷粒菌种可用接种勺取）。

打开料袋两端的扎口，将皮带冲安装在接种锤上打孔，穴距8cm，行距4cm，深1.5cm，立即用接种枪接入原种，树皮封穴，再绑紧袋口。接种主要在两袋口段木表面，中间可不接，也有为提高产量在单侧接种多穴的。要求菌种块与切面木质部紧密结合在一起，这样发菌快，减少污染，一般接种成活率可达98%。整个过程中，动作要迅速，一人解袋，一人放种，一人系袋，再一人运袋，多人密切配合，形成流水线，尽可能缩短开袋时间，减少污染。

③菌袋培养。接种后的菌袋移到通风干燥的培养室较暗处进行发菌培养。培养室在使用前每平方米用20g硫黄放在瓷碗上用纸点燃，密闭门窗一昼夜进行杀菌。熏蒸室内喷1遍水，杀菌效果更好。放室外要有遮雨、保湿、遮阴措施，避免强光照射。搬运时要轻拿轻放，防止损坏塑料袋。菌袋分层放在培养架上，袋口朝外，一般每层放6~8层高，袋与上层架之间应留有适当空隙，以利于气体交换；也可将菌袋堆集成井字形，立体墙式排列，高度1.5m为宜，长宽不限，两菌墙之间留通道，以便于检查。

接种后1周内要加温到22~25℃，利于菌丝生长。每隔10d或15d必须翻1次棒，翻棒时注意上下内外互相调剂。菌丝生长中后期若发现袋内有大量水珠产生，这时，可刺孔放气、开门窗通风换气1~2h或稍微解松绳索，以增加氧气，促进菌丝向木质部深层生长。一般培养 20~30d 菌丝便可长满整个原木表面。

④场地管理。光照，要有一定散射光。前期光照度低有利于菌丝的恢复和子实体的形成，后期应提高光照度，有利于菌盖的增厚和干物质的积累。温度，赤芝子实体形成为恒温结实型。最适温度为 26~28℃。如 20℃条件维持 7d，可令菌丝变黄、萎缩并纤维化，以后很难出芝；若超过 30℃，则芝体瘦小，菌盖较薄，过早老化。变温不利于子实体分化和发育，容易产生厚薄不均的分化圈。气温较高时，可在荫棚上覆盖草帘，遮去更多的阳光；温度低于 22℃时，有阳光时，将荫棚上的遮阴物揭开。湿度，赤芝的子实体分化过程，要经过菌芽—菌柄—菌盖分化—菌盖成熟—孢子飞散。从菌芽发生到菌盖分化未成熟前的过程中，要经常保持空气相对湿度 85%~95%，以促进菌芽表面细胞分化。注意该阶段的空气湿度应予严格保持，若低于 80%，则不易现蕾，或菌蕾停滞生长，严重时发生菌丝纤维化后则无法现蕾。土壤也要保持湿润状态，达到用手一捏即扁、不裂开、不黏手、含水量为 18%~20%为宜。晴天多喷（每天 3~4 次），阴天少喷，下雨天不喷。赤芝未开片时（开片时菌柄长 5cm 左右），喷雾的雾点要非常细小，且喷水量不可过多，每平方米 1 次喷水量不超过 0.5L；子实体稍大时，喷水量可逐渐增加。夜间要关闭小棚两端薄膜以便增湿，白天打开，以防二氧化碳过高。子实体散发孢子时不喷水，以防止菌盖表面孢子流失。要注意观察展开芝盖外缘白边（生长圈）的色泽变化，防止因空气湿度过低（<75%）造成赤芝菌盖边缘变成灰色。雨季防止雨淋造成土壤和原木湿度过高。空气，赤芝属好气菌，现蕾过程直至菌盖分化阶段，需氧量较大，在高温高湿时要加强通气管理。荫棚下需要搭建小拱棚。在 8 时以前，16 时以后通风换气，气温低时 11—14 时通风换气，揭膜高度应与柄高持平，这样有利于菌盖分化。中午高温时，要揭去整个薄膜，但要注意防雨淋。菌盖分化前控制 CO_2 浓度为 0.3%~0.5%，此后为 0.08%~0.1%，不允许超过 0.1%。

"三防"，一防联体子实体的发生，排场埋土菌材要有一定间隔，一般赤芝生长进入菌盖分化阶段后就不能随便移动，以免因方向改变而形成畸形子实体，甚至停止生长，但当发现子实体有相连可能性时，应及时旋转段木方向，不让子实体互相连结，并且要控制短段木上赤芝的朵数，一般直径 15cm 以上的赤芝以 3 朵为宜，15cm 以下的以 1~2 朵为宜，过多赤芝朵数将使一级品数量减少；二防雨淋或喷水时泥沙溅到菌盖造成伤痕，品质下降；三防冻害，海拔高的地区当年出芝后应于霜降前用稻草覆盖菌木畦面，其厚度为 5~10cm，清明过后再清除覆盖稻草。

【采收加工】

1. 采收

菌盖变化：白→浅黄→黄→红褐色。黄色生长带消失时，应停止喷水，减少通风，孢子弹出时，停止通风，并将光照降低至 100lx 以下。当菌盖呈现出漆样光泽，成熟孢子不断散发出（即菌盖表面隐约可见到咖啡色孢子粉）时，用湿布将菌袋抹干净，上架或放入纸箱内，可叠多层，菌盖不能相互接触或碰到别的东西，用白纸将菌袋封严。孢子粉弹射房要求干净、阴凉。30d 后揭开白纸，收集孢子粉，采子实体。此时菌盖不再增大、白边消失、盖缘有多层增厚、柄盖色泽一致，采收时，要用果树剪从柄基部剪下，留柄蒂 0.5~1cm。如不采收孢子粉，在孢子粉产生时，及时采收。

2. 加工

孢子粉用 100 目的筛子过筛后包装好。赤芝收后，要在 2~3d 内烘干或晒干。否则，腹面菌孔会变成黑褐色，品质降低。晒干时，剪去过长菌柄，放在芦帘上，腹面向下，一个个摊开。若遇阴天不能晒干，则应用烘房（箱）烘干，烘温不超过 60℃。如赤芝含水量高，开始 2~4h 内烘温不可超过 45℃，并要把箱门稍稍打开，使水分尽快散发。最好先晒后烘，达到菌盖碰撞有响声，再烘干至不再减重为止。烘干冷却后，用塑料袋封紧，分别放在干燥、阴凉的地方，以免生虫、返潮。

第十一章　中药材病虫害防治技术

中药材在生长发育过程中，会受到各种病虫害的为害，导致质量和产量降低，甚至绝产。因此，开展中药材栽培的规范化管理，加强病虫害的防治工作，对保证中药材优质、高产、无公害具有重要意义。

第一节　中药材的病害

中药材在生长发育过程中受到生物因子或非生物因子的不良影响，使正常的新陈代谢遭到破坏或干扰，在生理功能、形态结构等方面出现异常，表现出生长延缓或停滞、品质变劣等病态，这种现象称为中药材病害。病害对中药材的为害，既包括产量和质量的降低，又影响临床疗效，同时又会造成病原物在中药材上的残留，对人体产生危害。

一、病害病因

导致植物发生病害、表现病变的原因称为病因。植物病害的病因主要有 3 种，即生物因子、非生物因子和遗传因子。

1. 生物因子

引起植物病害的生物因子又称为植物病原物，常见的有真菌、细菌、病毒、寄生性线虫等病原物。被植物病原物寄生的植物称为寄主。植物病原物均有破坏寄主植物的能力，即致病力。病原物侵入寄主后，随即在其上生长和繁殖，寄主会出现光合作用下降、呼吸作用加强、蒸腾作用增强等生理生化特性的变化。

2. 非生物因子

非生物因子对植物的为害，没有侵染性和传染性，因此也称为非侵染性、非传染性病害或生理性病害。对植物的影响具有发病均匀的特点。植物的生长需要适宜的温度、水分、氧气、光照等条件，当这些非生物因素不适应中药材生长发育，例如出现干旱、洪涝、严寒或养分失调时，植物的新陈代谢将受到影响并造成为害，出现生理性病害。

3. 遗传因子

在中药材栽培生产中，可能是因为植物自身遗传因子异常，导致植物生长异常，产生抽穗不齐、矮化苗、白化苗等现象。遗传异常的植株出现频率很低，零星分布于大田。

二、病害症状

中药材感染病原物或受到非生物因子的影响，所表现的病态称为病害症状。病害症状包括病症和病状两个方面。

1. 病症

病症是指在适宜的条件下，病原物在寄主植物发病部位上大量繁殖或形成可视的营养体、繁殖体和休眠结构。主要表现为霉状物、粉状物、点状物、颗粒状物和脓状物等。

2. 病状

病状是指植物受到侵染性或非侵染性病害后，局部或整株出现的不正常表现。主要表现为五大病状，即变色、萎蔫、腐烂、坏死和畸形。

三、病害分类

1. 侵染性病害

中药材侵染性病害是因生物因素如真菌、细菌、病毒、寄生性线虫等病原物侵入植物体而引起的病害。侵染性病害具有特定的侵染过程，具有传染性，也可称为传染性病害。

（1）病害的侵染过程。中药材遭受病原物侵染到发病的过程称为侵染过程，又称病程。将病害的侵染过程分为侵入期、潜育期和发病期，各个侵染阶段是一个连续的过程，各个时期没有绝对的界限。

侵入期是从病原物初次接触寄主、侵入寄主植物到开始建立寄生关系的一段时间。侵入途径有直接侵入（从角质层、蜡质层、表皮及表皮细胞等结构侵入）、自然孔口侵入（从气孔、皮孔、柱头、蜜腺等通道侵入）和伤口侵入（从由机械损伤、冻伤、灼伤、虫伤等外因引起的伤口侵入）3 种。对侵入期影响最大的是湿度和温度。

潜育期是从病原物侵入寄主到寄主开始出现明显症状的过程。潜育期的长短主要决定于病原物与寄主的互作，环境条件中以温度影响最大。

发病期是从寄主出现症状开始直到生长期结束，甚至直到死亡的过程。发病期是病原物大量产生繁殖体、扩大为害的时期。

（2）侵染性病原。中药材侵染性病害较多，常见的有霜霉病、白锈病、白粉病、根腐病、猝倒病、立枯病、炭疽病、线虫病等。引起这些病害的病原物，目前已知的主要有真菌、细菌、病毒、寄生性线虫及寄生性种子植物等。

①真菌。中药材病害绝大部分是由真菌引起的，真菌种类较多，其症状多为坏死、枯萎、斑点、腐烂、畸形等。如在中药材栽培中常见的白锈菌，引起牛膝、马齿苋等的白锈病；白粉菌引起菊花、甘草等的白粉病；霜霉菌引起大黄、菘蓝等的霜霉病。

②细菌。在中药材栽培中，细菌病害为害程度不如真菌和病毒病害高，且为害种类较少，细菌病害多为急性坏死，表现为斑点、腐烂、萎蔫等症状。在潮湿的环境下，病部常常分泌黏液、腐烂伴有特殊的腐败臭味。如人参、浙贝母、天麻的软腐病，是生产上较难防治的病害。

③病毒。病毒性病害相当普遍，具有寄生性强、致病力大、传染性高的特点。受害植物通常在全株表现系统病变，常见的症状有黄化、花叶、卷叶、萎缩、矮化、畸形等。如北沙参、桔梗、玉竹、地黄等都较易感染病毒病。

④寄生性线虫。线虫在湿润的沙性土壤中活动性强，植物发病率高。受害植株生长缓慢、矮小、茎叶卷曲，根部常产生肿瘤。如桔梗、丹参、川芎、牛膝等多种中药材在栽培中，易受到根结线虫为害。

⑤寄生性种子植物。寄生性种子植物寄生在中药材上，抑制寄主的生长，使受害植物植株矮小、生长衰弱、开花减少、甚至不结果。如菟丝子主要为害豆科、茄科、菊科、旋花科等中药材；桑寄生、樟寄生和槲寄生主要为害桑科、松科、壳斗科等木本中药材；列当主要为害黄连等。

2. 非侵染性病害

非侵染性病害是指中药材在生长发育过程中，受到不适宜的非生物因素，直接或间接导致的病害。引起非侵染性病害的因素主要有化学因素和物理因素。

（1）化学因素引起的植物病害。

①植物营养失调。植物生长发育所需的基本营养物质，包括氮、磷、钾、钙、镁、硫等营养元素，在植物生长新陈代谢中具有各自的生理功能，并使得植物体完成固有的生长周期。当植物的各种必需营养元素间的比例失调或某种单一元素过量，就会导致植物表现出植株矮小、失绿、畸形、徒长、叶片肥大等各种病态。

②药害。由于施用农药不当导致植物生长发育异常等现象称为药害。有直接药害和间接药害，直接药害是施用农药对喷施植物造成药害，间接药害是施用农药对邻近敏感植物造成的药害；还有急性药害和慢性药害，急性药害一般在施药后 2～5d 即可发生，常在叶面上出现坏死的斑点或条纹斑，叶片褪绿变黄，严重

时枯萎脱落，慢性药害症状表现较慢，逐渐影响植株正常的生长发育，产生生长缓慢、种子出芽率低、枝叶黄化脱落、开花减少等现象。

③环境污染物。对植物造成毒害的环境污染物主要有大气污染物、水体污染物和土壤污染物，对植物组织、器官的为害主要表现为组织坏死和器官脱落。如二氧化硫、氟化物、氯气、臭氧、氮氧化合物，以及在工业废水中存在的有机物、氯化物、碱性或酸性物质等直接或间接为害中药材。

（2）物理因素引起的植物病害。如大气温度、土壤湿度等。

第二节　中药材的虫害

为害中药材的害虫以昆虫为主，其次为螨类、蜗牛等。昆虫中既有许多益虫，如蜜蜂能帮助传粉，瓢虫能捕食害虫等，也有很多害虫，对中药材生长发育产生为害。研究与掌握昆虫的生物学特性，对于积极保护有益昆虫、有效防治害虫、提高中药材产量和质量，具有十分重要的意义。

一、昆虫的生物学特性

1. 昆虫生长发育的特点

昆虫的生长发育分两个阶段：第一阶段在卵内完成，从卵受精至幼虫孵化为止，为胚胎发育阶段；第二阶段是从幼虫孵化至成虫性成熟为止，为胚后发育阶段。

昆虫从幼虫孵化至羽化为成虫的发育过程中，经过一系列从外部形态和内部器官的变化，形成不同的发育时期，这种现象称为变态。昆虫的变态有不完全变态和完全变态。不完全变态就是昆虫只有卵、若虫和成虫 3 个发育阶段，若虫和成虫的形态、生活习性基本相似，若虫不同于成虫的地方主要在于翅未生长，性器官未成熟；完全变态就是昆虫具有卵、幼虫、蛹和成虫 4 个不同虫期，幼虫在形态上与成虫极不相同，翅在体内进行发育，且生活习性也存在较大的差异。

昆虫由卵到成虫开始繁殖后代的个体发育史称为1个世代。昆虫完成了1个世代的全部经历，称为生活史。不同的昆虫种类、不同的地区环境，完成1个世代所需时间不同，1年中可发生的世代数也不同。如黄芪食心虫1年只发生1代，蚜虫、红蜘蛛等1年发生十几代或数十代。昆虫世代的长短及1年内发生的代数，除与品种的遗传等生物学特性有关外，还与昆虫生活范围内的温度等环境条件有关，气温越高，完成世代的时间就越短，昆虫发育越快。

昆虫在个体发育的不同阶段，对环境的适应性和抵抗力不同。因此，掌握昆虫的生活史，了解害虫的生物学特性和发生规律中的薄弱环节，采取适宜的防治措施，达到有效防治虫害的目的。

2. 昆虫的生活习性

昆虫的种类不同，生活习性各异，研究昆虫的生活习性，对采取合适的虫害防治措施具有十分重要的意义。

（1）趋性。昆虫对某些外来刺激（光、温度及化学物质等），发生的不可抑制的行为称为趋性，是昆虫较高级的神经活动。昆虫受到外来刺激后，向刺激来源运动，称为正趋性，反之，称为负趋性。常利用害虫的趋光性、趋化性进行害虫防治，如利用金龟子、蛾类、蝼蛄等的趋光性，可用诱蛾灯诱杀；地老虎、黏虫等的趋化性，可用食饵诱杀。

（2）食性。昆虫的食性很复杂，根据其采食的种类分为植食性、肉食性和腐食性。大多数中药材害虫为植食性昆虫，根据取食范围不同，分为单食性、寡食性和多食性昆虫。单食性昆虫只为害一种植物，如白术术籽虫；寡食性昆虫只取食同科属或近缘的植物，如菜青虫为害十字花科植物；多食性昆虫为害不同科的植物，如地老虎、蛴螬等。

（3）假死性。有些害虫受到外界震动或惊扰时，立即从植株上落地，自发的保持不动装死的现象称假死性。如金龟子、叶蛹等，生产上常利用此习性将害虫震落后进行捕杀。

（4）休眠。由于食料不足，或受到低温、酷热等环境影响，虫体不食不动暂时停止发育的现象称为休眠。昆虫以休眠状态越过夏季或冬季，称为越夏或越冬。害虫的种类不同，越夏或越冬的虫态和场所也不同。调查害虫越夏或越冬场所、休眠期间的死亡率等害虫休眠习性，可在其休眠期，集中消灭。

二、中药材的主要害虫及其为害

中药材害虫种类很多，除受一般农作物害虫为害外，其本身还有一些特有害虫。

1. 刺吸式口器害虫

以吸食植物汁液为害中药材，除了造成黄叶、皱缩、叶及花果脱落，严重影响其生长发育，还可能传播病毒病，造成病毒病蔓延，包括蚜虫类、介壳虫类、螨类等。蚜虫是常见的刺吸式口器害虫。例如，为害菊花及十字花科中药材的桃蚜；为害红花、牛蒡等菊科植物的红花指管蚜；分布于全国枸杞种植区域的枸杞蚜虫，是枸杞生产中成灾性害虫。蚧壳虫主要为害一些南方的中药材，尤其是木本南方中药材受害较重，常见的有为害槟榔的椰圆盾蚧；北方常见的有为害人参、西洋参等中药材的康氏粉蚧等。

2. 咀嚼式口器害虫

这类害虫主要通过咀嚼中药材的叶、花、果等，造成孔洞或被食成光秆。如为害伞形科中药材的黄凤蝶幼虫，为害板蓝根的菜青虫，为害大黄等蓼科植物的蓼金花虫等。尺蠖对金银花的为害严重，在短时间内，就可以将金银花吃成光秆，造成严重的损失。

3. 钻蛀性害虫

钻蛀性害虫是中药材的一类为害重、防治难度较大、造成经济损失较大的害虫类群。主要有蛀茎性害虫，它们钻蛀中药材枝干，造成髓部中空，或形成肿大结节和虫瘿，影响疏导功能，生长势弱，枝干易折断，严重者可使植株死亡，如菊天牛、肉桂木蛾等；蛀根及根茎类害虫主要蛀食心叶及根茎部，破坏生长点，根茎或根部中空，直接影响根及根茎类药材产量和质量，如为害北沙参的北沙参钻心虫；蛀花、果、种子害虫，常直接为害药用部位，为害率几乎和损失率相当，造成严重的经济损失，如槟榔红脉穗螟、枸杞实蝇等。

4. 地下害虫

地下害虫种类很多，是中药材虫害防治中急需解决的突出问题，包括蛴螬、蝼蛄、金针虫、地老虎、白蚁等。这些地下害虫常常咬食植物的幼苗、根、种子及根状茎、块茎等，造成缺苗断垄，幼苗生长不良，尤其在种苗发育阶段受害严重。

第三节　病虫害的综合防治

一、中药材病虫害的发生特点

1. 道地药材与病虫害的关系

道地药材的特点是优良的药材品种、成熟的栽培技术、特定的环境因素，相对比较稳定的药材质量。在栽培历史悠久的传统产区，由于长期栽培，使得病原物、害虫对区域环境和相应寄主植物具有较强的适应性，且逐年积累，致使病虫害发生严重。锈病是东北人参的重要病害，病原菌柱孢属菌已成为东北森林土壤中的习居真菌；浙贝母在浙江主产区受铜绿丽金龟为害非常严重。近年来，中药材的生产发展迅速，规模化引种栽培，在新的产区形成新的病虫害种类，如人参在传统产区是锈病为害，但是引种到北京，严重的锈病被根腐病代替。

2. 无性繁殖与病虫害的关系

无性繁殖在中药材栽培中广为采用，如白芍、地黄、丹参、贝母等。在栽培生产中，多为繁殖材料边采收边栽培、自留自用，这些根及根茎、块根和鳞茎等地下部分常携带病原菌、虫卵，使得这些无性繁殖材料成为病虫害初侵染的重要来源，也是病虫害传播的一个重要途径。在采用无性繁殖时，应选择无病健壮种苗，对种苗作合理的病虫害防治预处理，并建立无病留种田。

3. 地下部分与病虫害的关系

许多中药材的药用部位是根、根茎等地下部分，易受到土传病害和地下害虫的影响，使得药用价值下降。土传病害是发生在中药材根部或根茎部，病原物以土壤为媒介进行传播的病害。这类病害的病原物以真菌病害为主，也有细菌和线虫病害，其生活史一部分或大部分存在于土壤中，在条件适宜时病原物萌发并侵染植物根、根茎，导致植物发生病害。如三七根腐病、人参锈腐病、白术根腐病、贝母腐烂病等。中药材地下害虫种类繁多，常见的是单食性和寡食性害虫，如蝼蛄、金针虫等。在地下害虫咬食中药材根部时，形成伤口，较易导致病原物的侵染，加剧地下部分病害的发生与扩大。

4. 特殊栽培技术对病虫害的影响

在中药材栽培过程中，采取一些特殊的栽培技术措施，力求减少病虫害的发生。如人参、当归采取育苗定植，通过认真选苗，除去弱、病及有伤口的种苗；板蓝根适时割叶；白芍晾根；菊花、金银花整枝等。这些技术措施如处理得当，并采用适当方法处理种苗，合理贮存、运输种苗等，都会减少病虫害的发生，相反就会加重病虫害的流行。

二、中药材病虫害综合防治的主要方法

我国中药材栽培历史悠久，经验丰富，但是还面临着许多新的研究课题。中药材病虫害的防控，要坚持“预防为主，防治结合”的策略，要从生物与环境整体观点出发，从源头上控制病虫害的发生，采取综合防治措施，合理运用生物的、农业的、化学的、物理的方法及其他有效的生态手段，把病虫害的为害控制在经济阈值以下，以保证生产无公害、安全、优质的绿色中药材，达到提高经济效益和生态效益之目的。

1. 植物检疫

植物检疫是依据国家制定的有关检疫法规，对植物及其产品进行检验，防止有害生物（危险性病、虫、杂草以及其他有害生物）通过人为传播出、入境，并防止进一步扩散蔓延的预防性保护措施。中药材被明确列入植物检疫对象，中药材种子、菌种和繁殖材料在生产、储运过程中应实行检验和检疫制度以保证质量和防止病虫害及杂草的传播。植物检疫的主要任务：一是禁止危险性病、虫、杂草随植物、种子及其他农产品的调运而传播蔓延；二是将局部地区发生的危险性病、虫、杂草封锁在一定范围内，并采取有效措施逐步消灭；三是当危险性病、虫、杂草侵入新地区时，应立即采取有效措施彻底消灭。

2. 农业防治

农业防治是在农业生态系统中，利用和改进耕作栽培技术及管理措施，调节病原物、寄主和环境条件之间的关系，创造有利于作物生长，不利于病虫害发生的环境，控制病害发生和扩散的方法。优良的农业技术，不但能保证中药材生长发育所要求的适宜条件，同时创造和保持足以抑制病虫害大量发生的条件，使病虫害降到最低限度。

（1）合理的轮作和间作制度。进行合理轮作和间作对防治病虫害十分重要。轮作可以增加土壤生物多样性，促进土壤中对病

原物有拮抗作用的微生物的活动，抑制病原物的滋生，抑制中药材单食性和寡食性害虫。如浙贝母与水稻隔年轮作，可减轻灰霉病的为害。选择合理的轮作搭配对象尤其重要，如同科、同属植物或同为某些严重病虫害寄主的植物不能选为轮作植物。如开展的地黄轮作研究，地黄以商陆为前茬的产量高于以黄芪为前茬的产量；白术连作和茄科作物轮作，白术根腐病发病重，而与水稻轮作则发病轻。一般中药材的前作以禾本科植物为宜。间作植物还要避免根系分泌物对相邻作物病虫害的影响。连作障碍已是中药材栽培中普遍存在的问题，尤其是绝大多数根和根茎类药材“忌”连作。

（2）调节播种期。中药材不同的生长发育阶段与病虫害有着密切的相关性。在栽培管理中，应有效的调节中药材播种期，设法使易感染病虫害的发育阶段避开病虫害大量流行时期，尽量避免或减轻病虫害的为害程度，达到防治目的。如薏苡在北方适期晚播，可以避免或减轻黑粉病的发生；红花适期早播，可以避免或减轻炭疽病和红花实蝇的为害；地黄适期育苗移栽，可以避免或减轻斑枯病的发生。但是在实际应用时，要以不影响药材品质为前提，尤其是晚播可能影响有效成分的含量，一年生药材的产量也可能受到影响。

（3）加强田间管理。深耕细作、除草、修剪和清洁田园等田间管理，是防治中药材病虫害的有效措施之一。很多病原菌和害虫在土内越冬，采用深耕细作可以直接杀灭病原物和害虫。冬耕晒土和春季耕耙可改变土壤物理结构、化学性状，直接破坏害虫的越冬巢穴或改变栖息环境，促使害虫死亡，减少越冬病虫源；可以把土壤深处的病原物和害虫翻露在地面，经日光照射、鸟兽啄食，也可以消灭部分病虫。深耕细作还能促进中药材根系发育，使植物健壮生长，增强抗病虫害的能力。田间杂草和中药材采收后的残枝落叶，常是病原物和害虫生存及越冬场所，有必要结合中耕除草、修剪、清洁田园等方式，及时除去杂草，将病虫残枝和枯枝落叶进行烧毁、深埋处理，可避免和减轻病虫害的发生。

（4）合理施肥。合理施肥是中药材栽培中一项重要的措施，能够增强植物的抗病性。合理的优化矿质营养配比、施肥种类、数量、时间、方法，能够促进中药材的健壮生长，增强其抗病虫害的能力或避开病虫为害时期。生产实践证明，生产中增施磷肥、钾肥，特别是钾肥可以增强植物茎秆的硬度，从而增强植物的抗病性；偏施氮肥，导致植物徒长，会加大病虫为害发生。延胡索生长后期偏施氮肥会发生严重的霜霉病和菌核病。

（5）选育抗病虫的优良品种。对那些病虫害严重、难防治的中药材，选育抗病虫品种是一种行之有效的防治措施。中药材的不同栽培类型或品种对病虫害抵抗能力存在差异，如有刺型红花比无刺型红花抗红花炭疽病和红花实蝇的能力强；阔叶矮秆型白术，其苞片较长，能盖住花蕾，可阻挡术籽虫产卵。不同中药材对逆境的忍耐程度不同，同一品种的单株之间抗性能力也有差异。如地黄品种金状元对地黄斑枯病比较敏感，而小黑英品种抗病能力就比较强。在开展抗病虫品种选育时，需要加强致病机制及寄主抗病遗传机制研究，发现有利的抗性基因变异，采用系统选育法、诱变育种等多种方法，创造出更符合中药材可持续发展的中药材抗病虫新品种。

3. 生物防治

生物防治是指利用一种或多种微生物或其代谢产物来抑制或消灭病虫害的方法。目前生物防治的基本途径主要有以虫治虫、微生物治虫、植物源农药以及性诱剂防治害虫等。

（1）有益昆虫及动物的应用。利用捕食性、寄生性和其他有益动物等天敌来防治害虫。捕食性昆虫主要有螳螂、草蛉幼虫、七星瓢虫、步行虫、食蚜蝇及食蚜虻等。寄生性昆虫主要有寄生蜂和寄生蝇。其他有益动物主要有鸟类、蛙类、蛛类等。如利用凤蝶金小蜂防治马兜铃凤蝶、利用小茧蜂防治菜青虫幼虫、利用肿腿蜂防治金银花咖啡虎天牛等。

要注意保护这些益虫，使其在田间繁衍生息，达到控制害虫的目的。随着试验条件和饲养技术的进步，国内外已实现大规模工厂化人工繁殖一些天敌昆虫施放到田间防治害虫，减轻为害程度。

（2）有益微生物的应用。微生物治虫是指利用细菌、真菌、病毒等病原微生物防治病虫害。如哈茨木霉防治甜菊白绢病，用5406菌肥防治荆芥茎枯病。枯草芽孢杆菌的菌体生长过程中产生的枯草菌素、多黏菌素、制霉菌素、短杆菌肽等活性物质，这些活性物质对致病菌或内源性感染的条件致病菌有明显的抑制作用。病原细菌苏云金杆菌（Bt）各种制剂，具有较广的杀虫谱，它可使害虫中毒患败血病，罹病昆虫表现食欲缺乏、停食、下痢、呕吐，1~3d后死亡，虫体软腐有臭味。病原真菌主要有白僵菌、绿僵菌、虫霉菌等，目前应用较多的是白僵菌，罹病昆虫表现运动呆滞，食欲减退，皮色无光，有些身体有褐斑，吐黄水，3~15d后死亡，虫体僵硬。

（3）植物源农药的应用。近年来，植物源农药发展很快，如以烟碱、苦参碱、大蒜素、茶皂素等为主要成分的植物源农药的应用，正逐步取代化学农药，为生产绿色中药材创造了条件。

（4）性诱剂的应用。性诱剂是一种无毒、不伤害天敌、不使害虫产生抗药性的昆虫性外激素。利用昆虫释放性外激素引诱异性前来交配，进行诱捕、迷向或交配干扰防治。主要有两种方法。一是诱捕法，又称诱杀法，是用性外激素或性诱剂直接防治害虫的一种方法。在田间设置适当数量的性诱剂诱捕器，及时诱杀求偶交配的雄虫，实践表明在虫口密度较低时，诱捕法防治效果较好。二是迷向法，又称干扰交配，是在大田应用昆虫性诱剂防治害虫的一项重要的方法。通过干扰、破坏雄、雌昆虫间这种性外激素通信联络，达到防治效果。

4. 物理防治

物理防治是根据害虫的生活习性和病菌的发生规律，利用温度、光、电磁波、超声波等物理方法清除、抑制、钝化和杀死病原物，以控制植物病害的方法。这类防治法既可用于有害生物大量发生之前，也可作为有害生物已经大量发生为害时的急救措施。如对有趋光性的鳞翅目、鞘翅目及某些地下害虫等，利用诱蛾灯或黑光灯等诱杀；对活性不强、为害集中或有假死性的大灰象甲、黄凤蝶幼虫等害虫实行人工捕杀。

5. 化学防治

应用化学农药防治病虫害的方法，称为化学防治法。化学防治具有高效、速效、应用方便等优点，能在短期内消灭或控制病虫害的大量发生，受地区性或季节性限制比较小，是防治病虫害常用的一种方法。但是，有机农药毒性较大，有残毒，污染环境，影响人畜健康，若使用不当或长期使用，引起病原物、害虫产生抗药性，同时杀伤天敌、降低植物生长环境中的有益微生物，往往造成病虫害猖獗，影响中药材品质。因此，在施用有机农药防治病虫害时，要做到“对症施药、适时施药、适量施药”和科学混配农药。严格禁止施用毒性大、有残毒的农药，并要严格掌握施药时期和用量。

(1) 农药使用原则。化学农药的合理使用是在确保人畜和环境安全的前提下，采用最小有效剂量，获取最佳防治效果，并降低或避免病虫害抗药性的产生。中药材病虫害的防治，如必须施用农药时，应按照《中华人民共和国农药管理条例》等有关规定使用。一是剧毒、高毒、高残留农药不得用于中药材的生产，要遵循农药的使用限制；二是采用最小有效剂量并选用高效、低毒、低残留农药，以降低农药残留和重金属污染；三是允许使用生物源农药、矿物源农药和限量使用部分有机合成农药；四是农药使用者应当严格按照农药的标签标注的使用范围、使用方法和剂量、使用技术要求和注意事项使用农药，不得扩大使用范围、加大用药剂量或者改变使用方法；五是标签标注安全间隔期的农药，在农产品收获前应当按照安全间隔期的要求停止使用。

（2）农药使用方法。农药的使用方法直接影响农药的防治效果，因此，要达到理想的施药效果，在使用农药时必须解决好以下几个问题。一是要根据病虫害的发生情况，确定施药时间；二是要根据不同的病虫害，选择合适的农药；三是要掌握好有效用药量；四是要根据农药的特性，采用适当的施药方法。主要方法有以下几种。

①喷雾法。喷雾法是将农药配制成一定浓度的药液，用喷雾器将其均匀地喷洒在植物体表面来防治病虫害，是防治病虫草害最常用的一种施药方法。可分为人力喷雾法和机动式喷雾法两种，在田间喷洒农药一般采用人力喷雾法，而对高大树木喷洒农药则需要采用机动式喷雾法。喷雾时一定要做到喷洒均匀，以植株充分湿润为度，具体用量根据植物和病虫害的为害程度而定。这种方法与喷粉法比较有不易被风吹散失、药效期长、防治效果好等优点，不足之处是在干旱地区和山区使用较费工。喷雾法常可选择可湿性粉剂、乳剂、乳油、胶悬剂、水剂、可溶性粉剂等农药。

②毒饵法。将具有胃毒作用的农药与害虫和鼠类喜食的饵料按一定比例混合均匀，用来防治蝼蛄、地老虎、蝗虫、鼠类等。毒饵法是防治地下害虫和鼠类最为经济实用的方法，用药量随农药种类的不同而定，宜在傍晚将毒饵投放在害虫、鼠类为害或栖息的地方。如将炒香的豆饼或油饼与一定量的辛硫磷、毒死蜱、马拉硫磷等混合制成毒饵来毒杀蝼蛄、地老虎。

③熏蒸法。熏蒸法是利用熏蒸剂农药挥发出的有毒气体来防治病虫害的方法，主要用于仓库、温室大棚、土壤中的病虫害防治。如用马拉硫磷、毒死蜱、辛硫磷熏蒸防治白芷、白芍蛴螬等地下害虫。采用熏蒸法必须有相对密闭条件，如在仓库、室内、帐幕或熏蒸箱内进行，一般要求室温应在 20℃ 以上（溴甲烷除

外）。土壤熏蒸时地温应在15℃以上，才能获得较好的防治效果。应用熏蒸剂时必须准确计算单位面积内的用药量。

④种苗处理法。种苗处理法包括拌种、浸种和苗木消毒等方法。拌种法是将一定量的农药按比例与种子拌和均匀后播种以防治病虫害的方法。如用噻虫嗪药液拌种防治地下害虫。浸种法是将种子或种苗放在一定浓度的农药溶液中浸渍一定时间以防治病虫害的方法。主要用于防治附带在种子、苗木上的病菌。如用枯草芽孢杆菌等综合菌及甲基硫菌灵、多菌灵浸泡白芍根防治白芍根腐病。

⑤土壤处理法。结合耕翻，将农药的药液、粉剂或颗粒剂均匀施入土壤中，防治病虫害的方法称为土壤处理法。主要用于防治地下害虫、线虫、土传性病害和土壤中的虫、蛹等。此法通常用于苗床消毒或温室大棚内土壤的消毒处理。也可将药剂集中喷洒或灌注于播种沟或播种穴中，节约用药量。如用阿维菌素药液拌种防治白芷根结线虫。

⑥烟雾法。利用农药的烟剂或雾剂来防治病虫害的方法称为烟雾法。目前烟雾剂主要用于仓库、温室大棚等密闭场所的病虫害防治。生产上主要在育苗时使用。

⑦喷粉法。喷粉法的优点是工效高且不需要水，但是粉剂药物在喷洒时容易散失到环境中造成污染，使用受到限制，现在已很少采用，生产上主要采用喷雾为主的施药方法。

⑧涂抹法。将农药配制成高浓度的药液，涂抹在植物的茎、叶、生长点等病虫害易侵染部位，主要用于防治具有刺吸式口器的害虫和钻蛀性害虫。如用抑芽丹涂抹白术球茎，用农用链霉素涂抹树干、枝干上的溃疡等。

第十二章　中药材包装和贮藏

第一节　中药材包装

中药材的包装系指对中药材进行盛放、包扎并加以必要说明的过程，是中药材加工操作中很重要的一道工序。

（一）中药材包装的意义

（1）保证中药材的数量和质量。

（2）有利于中药材的存取、运输、贮藏和销售。

（3）体现或提高其商品价值。

（4）有利于促进中药材生产的现代化、标准化。

（二）中药材包装的要求

中药材包装要逐步实现规格化、标准化。中药材 GAP 要求：包装前应检查并清除劣质品及异物。包装应按标准操作规程操作，并有批包装记录，其内容应包括品名、规格、产地、批号、重量、包装工号、包装日期等；所使用的包装材料应是清洁、干燥、无污染、无破损，并符合药材质量要求；在每件药材包装上，应注明品名、规格、产地、批号、包装日期、生产单位，并附有质量合格的标志；易破碎的药材应使用坚固的箱盒包装；毒性、麻醉性、贵细药材应使用特殊包装，并应贴上相应的标记。

（三）中药材包装方法

根据药材性状及包装仓储运输条件，选择合适的包装方法。根据包装形式分为：单层包装和多层包装、手工打包和机械打包、定额包装和非定额包装等。根据包装材料不同分为以下几种。

（1）袋装。常用的包装袋有塑料编织袋、塑料（复合）袋、纸袋、布袋、麻袋等。塑料（复合）袋用于密封包装，盛装粉末状、颗粒状药材以及易潮解、易泛糖的中药材，如海金沙、蒲黄、松花粉等；布袋、细密麻袋用于盛装颗粒小的药材，如车前子、青葙子、菟丝子等。

（2）筐装或篓装。一般用于盛装短条形药材，如桔梗、赤芍等。其优点是能通风换气，能承受一定压力，不至于压碎药材。

（3）箱装。多用纸箱或木箱，内层多用食品用塑料袋密封，用于怕光、怕潮、怕热、怕碎的名贵药材的包装。

（4）桶装。流动的液体药材常选用木桶或铁桶盛放，如蜂蜜、苏合香油、薄荷油、缬草油等。一些易挥发的固体药材如冰片、麝香、樟脑等，常用铁桶、铁盒、陶瓷瓶等盛放。

（5）打包包装。有手工打包和机械打包。手工打包应避免“斧头形”“龟背形”等包形出现。

①打包材料。外层多用粗布、麻布、薄席、草席、塑料编织布作覆盖物，以竹片作垫料，用铁丝、麻绳作捆器。

②打包要求。扣牢固，回松的包件保持扁平，缝捆严密。

③捆扎要求。商品装料必须两头平齐，四周踩紧，两边填实，中间紧松持平，分层均匀平放。捆扎的绳索一般不少于四道，机械打包包件大小应符合国家药品监督管理局制定的标准件尺寸。缝口严密，两端包布应缝牢，标记事先应填写完整。

④打包方法。打包捆扎分为全包、夹包。全包，即全包、全缝、全捆的货包，外用竹夹或粗布，其密度因品种而定。夹包，上下两面用粗布、竹夹，只限于桑白皮等的包装。

第二节　中药材贮藏

中药材的贮藏保管是中药材采集、初加工后的一个重要环节。良好的贮存条件、合理的保管方法是保证中药材质量的关键。贮藏保管的核心是保持中药材的固有品质，减少贮品的损耗。若中药材贮存保管不当，会发生多种变异现象，从而影响饮片的质量，进而关系到临床用药的安全性与有效性。

（一）影响中药材贮藏质量的因素

中药材在贮存过程中发生的多种变异现象，究其原因，主要有两方面的因素：一是外界因素，二是内在因素。

1. 外界因素

主要指空气、温度、湿度、日光、微生物、昆虫等。

（1）空气。空气中的氧和臭氧是氧化剂，能使某些药材中的挥发油、脂肪油、糖类等成分氧化、酸败、分解，引起“泛油”；使花类药材变色，气味散失。因此药材不宜久放，贮存时应包装存放，避免与空气接触。

（2）温度。药材的成分在常温（15~20℃）条件下是比较稳定的，但随着温度的升高，物理、化学和生物的变化均会加速。若温度过高，能促使药材的水分蒸发，其含水量和重量下降，同时加速氧化、水解等化学反应，造成变色、气味散失、挥发、泛油、粘连、干枯等变异现象；但如果温度过低，对某些新鲜的含水量较多的药材，如鲜石斛、鲜芦根等也会产生寒害或冻害。

（3）湿度。湿度是影响中药材质量变异的一个极重要因素。它不仅可引起药物的物理、化学变化，更能导致微生物的繁殖及害虫的生长。一般药材的绝对含水量应控制在7%~13%。贮存时要求空气的相对湿度在60%~70%。若相对湿度超过70%，饮片会吸收空气中的水分，使含水量增加，导致发霉、潮解溶化、粘连、腐烂等现象的发生；若相对湿度低于60%，中药材的含水量又易逐渐下降，出现风化、干裂等现象。

（4）日光。日光的直接或间接照射，会导致药材变色、气味散失、挥发、风化、泛油。

（5）霉菌。一般室温在25~28℃，相对湿度在85%以上，霉菌极易生长繁殖，从而溶蚀药材组织，使之发霉、腐烂变质而失效。尤以富含营养物质的药材，如淡豆豉、瓜蒌、肉苁蓉等，极易感染霉菌而发霉，腐烂变质。

（6）害虫。最适宜害虫生长繁殖的温度在16~35℃，中药材的含水量在13%以上，空气的相对湿度在70%以上，尤其是富含蛋白质、淀粉、油脂、糖类的中药材最易被虫蛀，所以中药材入库贮存，一定要充分干燥，密闭或密封保管。

2. 内在因素

指中药材所含化学成分的性质。中药材的成分不稳定，有的易被氧化或还原，如还原型蒽醌易被氧化；有的有挥发性，在高温条件下易挥发而降低其含量；有的在光照条件下易异构化，而失去生物活性，如木脂素类；有的富含糖类及蛋白质，是昆虫和鼠类的良好食物；有的在适宜的条件下，由于酶的存在而易水解，如苷类；有的含吸湿性成分，致使药材吸湿后发生霉变等。因此在贮藏药材时，一定要根据药材及其所含成分的性质，结合外界因素，选用适当贮藏方法才能保证中药材的品质。

（二）中药材贮藏原则

“凡药贮藏，宜常提防，阴干、曝干、烘干，未尽去湿，则蛀蚀霉垢朽烂不免为殃。”为了保证中药材的质量，避免发生二次污染，在中药材贮藏期间，必须遵循以下原则。

1. 以防为主，防治并举原则

贯彻“以防为主，防治并举”保管方针，保证库房周边大环境安全无污染，保持库房内部贮藏环境的清洁卫生，避免对中药材造成污染。

2. 生态环保原则

应将传统贮藏方法与现代贮藏技术相结合。在贮藏中尽量不使用或少使用有毒性的化学药品，必须使用的化学药品应符合无公害食品或药品的有关标准或使用准则，若用药剂熏蒸，应经药品管理部门审核批准。

3. 硬件与软件并重原则

保证库房的硬件与软件符合GAP、GSP、GMP或GUP等规范要求。

（1）符合库房建设标准。库房及配套设施设备要按照库房标准建设与配置。尤其是保证库房的严密性、通风性、隔热性，良好的干燥避光环境；必要时配备空调和除湿设备，地面易清洁、无缝隙，有防鼠、防虫措施，但应避免污染药材；库温25℃、相对湿度为65%；选用密封性、隔湿性、避光性良好的木箱、木桶、铁桶、缸、坛、玻璃器皿盛放中药材。

（2）符合库房管理标准。严格按照库房管理制度和规范化操作规程，中药材包装应放于货架上，堆放要整齐；为保证通风，利于抽检，要留有通道、间隔和墙距；易碎药材不可重叠堆放；要做到合格的与不合格的中药材不能混放、可食用的单独存放、有毒的单独存放；各种药材均要有标签，注明植物学名、产地、数量、加工方法及等级等；定期检查，防止虫蛀、霉变、腐烂、泛油等变异现象发生。

（三）中药材贮藏保管方法

1. 冷藏法

防治害虫及霉菌比较理想的办法，但需要制冷设备，主要用于难于保存的贵重药材的贮藏，如人参、鹿茸、全蝎等。北方可利用冬季严寒季节，将药材薄薄摊晾于露天，温度在-15℃，经12h后，一般会冻死各种害虫。

2. 干沙贮藏法

干燥的沙子不易吸潮，又无营养不仅能防虫，而且霉菌也无法蔓延。一般将沙铺在水泥晒场上，经地面温度40℃左右暴晒至充分干燥，装入缸或木箱中，再将中药材埋于其中。适用于根和根茎类药材。

3. 防潮贮藏法

利用自然吸湿物或空气去湿机，来降低库内空气的水分，以保持仓库干燥的环境。传统常用的吸湿物有生石灰、木炭、草木灰等。现在采用氯化钙、硅胶等吸湿剂，此法适用于吸湿性强的中药材。

4. 气调贮藏法

采用降氧气、充氮气，或降氧气、充二氧化碳的方法，人为造成低氧或高浓度二氧化碳状态，达到杀虫、防虫、防霉、抑霉的目的；防止泛油、变色、气味散失等变异现象发生。该法不仅能有效地杀灭药材的害虫，还能防止害虫及霉菌的生长，具有保持药材色泽、皮色、品质等作用，尤其适用于贮藏极易遭受虫害的药材及贵重的、稀有的药材，是一种科学而又经济的贮藏方法。

5. 密封防潮贮藏法（包括密闭贮藏法）

密封或密闭贮藏是指将中药材与外界（空气、温度、湿气、光线、微生物、害虫等）隔离，尽量减少外界因素对药物影响的贮藏方法。但密封贮存是完全与外界环境隔离；而密闭贮存不能完全与外界空气隔绝。密闭贮存方法是将木板铺在地面上，木板上铺油毛毡和草席，上面铺塑料薄膜，用塑料薄膜包裹密封中药材，并将接缝粘起来。适用于不易发霉和泛油的一般性药材。

6. 对抗贮藏法

对抗贮藏法属于传统的药材贮藏方法，如泽泻、山药与牡丹同贮防虫保色，动物药材与花椒一起贮藏防虫蛀，如大蒜防芡实、薏苡生虫等。

在应用传统贮藏方法的同时，应注意选择现代贮藏保管新技术、新设备。

贮藏时间短时，只需要选择地势高、干燥、凉爽、通风良好的室内，将中药材堆放好，或用塑料薄膜、苇席、竹席等防潮即可。

(四) 贮藏时应注意的问题

(1) 经常抽检药材水分含量，以免产生变异现象。

(2) 堆放要整齐，要留有通道、间隔和墙距，以利抽检及空气流动。

(3) 不同种类药材应分别堆放，吸湿性强的药材更应分别堆放，以免引起其他药材受潮。各种药材应挂上标签，并在上面注明植物学名、产地、数量、加工方法及等级等。

(4) 易碎药材，不能重叠堆放。

(5) 贯彻“先进先出”原则。

主要参考文献

广东省药品检验所,2019. 常用中药材品种真伪鉴别与应用[M]. 广州:广东科技出版社.

孟宪生,2019. 中药材概论[M].北京:化学工业出版社.

吴伟刚,李迎春,张明柱,2019. 花果种子中药材规范化栽培技术[M].北京:中国农业科学技术出版社.

周志杰,谷佳林,尹鑫,2019. 中药材加工、鉴质实用技术[M]. 北京:中国农业大学出版社.